ALGEN
IM MEERWASSERAQUARIUM
PFLEGE UND BEKÄMPFUNG

Daniel Knop

2

Bildnachweis
Titelbild: *Caulerpa prolifera*
Bild Seite 1: *Caulerpa taxifolia*

Fotos ohne Bildnachweis vom Autor

2. Auflage 2011

ISBN: 978-3-86659-054-0

An der Kleimannbrücke 39/41
48157 Münster
www.ms-verlag.de
Geschäftsführung: Matthias Schmidt
Lektorat: Kriton Kunz
Layout: Nick Nadolny
Druck: Druckhaus Fromm, Osnabrück

Inhalt

Delikates Abendessen in Bolinao (Philippinen) am Meer: Kriechsprossalge *Caulerpa racemosa* mit Tomaten

Vorwort

Algen sind Organismen der Superlative. Die meisten Algen in den Weltmeeren sind einzellig, doch trotzdem stammen rund 45 Prozent des gesamten Sauerstoffs auf unserem Planeten von ihnen. Die größte Alge, der Kelp, kann bis zu 60 m hoch werden und wächst täglich bis zu einen halben Meter. Rund 160 Algenarten werden industriell genutzt, beispielsweise als Nahrungsmittel. Zu Biodiesel kann man sie verarbeiten und sogar zu Wasserstoff! Biologisch abbaubare Tinte, Kosmetika, Dünger, Bindemittel – die Liste der Dinge, die aus ihnen hergestellt werden können, ist endlos. Sogar Gemälde kann man aus ihnen anfertigen, wie der Biologe und Kunstmaler Dr. Ingo Botho Reize bewiesen hat.

Vor allem aber sind Algen Grundlage allen Lebens im Meer – und natürlich auch im Meeresaquarium. In der Riffaquaristik stellen sie jedoch zugleich auch eines der größten Probleme dar, denn in vielen Becken kommt es zu Massenvermehrungen einzelner Arten, die Korallen schwer schädigen und die Freude an diesem Hobby zerstören. Jahrelang kämpft mancher Aquarianer vergeblich gegen die Plage, bis er das Aquarium schließlich frustriert aufgibt.

Zwar ist es leider nicht möglich, Patentrezepte zu geben, mit deren Hilfe sich Algenwuchs nach Wunsch steuern ließe, doch wenn man einfache biologische Zusammenhänge versteht und die spezifischen Bedürfnisse gängiger Algenarten kennt, dann kann man sie entweder gezielt vermehren oder an ihren schwächsten Stellen treffen – ganz nach der Philosophie asiatischer Kampfsportarten, in denen versucht wird, die Eigenbewegungen des Gegners zu verstärken und gegen ihn selbst zu richten, um mit geringem Kraftaufwand große Wirkung zu erzielen. Je besser der Meerwasseraquarianer Algen versteht, umso leichter wird es ihm fallen, mit ihnen umzugehen und zu leben, ihre Vorteile zu nutzen und die Nachteile zu meiden. Dieses Buch soll dem Leser einfache Zusammenhänge in der Biologie der Algen verständlich machen und Einblick in ihre Lebensweise geben, damit es ihm leichter und besser gelingt, ihre Vermehrung zu steuern.

Sinsheim und Manila, im Frühjahr 2008,

Daniel Knop

Was sind Algen?

Caulerpa racemosa auf einem philippinischen Fischmarkt

Algen sind pflanzenartige Organismen, die überwiegend im Wasser leben, Zellkern sowie Zellmembran besitzen und Fotosynthese betreiben. Tatsächlich ist ihre Entwicklungsstufe niederer als die von Pflanzen: Sie haben also bestimmte Merkmale, die bei Pflanzen anzutreffen sind, nicht entwickelt, wie wir später sehen werden. Allerdings bezeichnet der Begriff „Algen" nicht eine Gruppe miteinander verwandter Organismen, sondern ist vielmehr eine Art Sammelbecken für viele einzelne, stammesgeschichtlich nicht näher miteinander verwandte Gruppen. Dazu gehören auch einige, die nur – oder hauptsächlich – im Süßwasser vorkommen. Sie werden hier nur am Rande erwähnt.

Die Gesamtzahl der weltweit existierenden Algenarten wird auf 400.000 geschätzt, und rund 80.000 davon sind bisher wissenschaftlich beschrieben. Sie haben alle Lebensräume unseres Planeten erobert und leben nicht nur im Meer- und Süßwasser, sondern auch an Land, wenn sie dort entsprechend feuchte Habitate finden. Diese so genannten Aerophyten verbreiten sich über die Luft und leben dann angeheftet an Felsen oder Bäumen. Sogar Trockenzeiten können sie überstehen, indem sie in einem Trockenstadium ausharren. Andere bohren sich in Steine hinein, um dort zu leben, sicher vor Fressfeinden. Manche marine Arten hingegen bohren sich in die Skelette von Steinkorallen, und dort haben sie unter günstigen Umständen sogar eine nützliche Funktion, auf die wir später noch zurückkommen. Die Anpassungsfähigkeit vieler Algenarten ist ganz erstaunlich. Einige können sogar Umgebungstemperaturen von 56 °C und einen extrem sauren pH-Wert von 0,05 ertragen. Gerade diese Anpassungsfähigkeit ist es, die bestimmte Algengruppen im Aquarium so widerstandsfähig macht. Andererseits sind die Grenzen ihrer Anpassungsfähigkeit der Ansatzpunkt für ihre Bekämpfung, wie wir in einem späteren Kapitel sehen werden.

Sind Algen Pflanzen?

Manch ein Zeitgenosse hält Algen schlichtweg für Pflanzen, die im Meer leben. Das ist aber durchaus nicht so, denn im Meer gibt es auch echte Pflanzen, z. B. *Zostera* (Seegras). Auf den ersten Blick ähneln sich diese beiden Gruppen sehr, denn beide betreiben Fotosynthese, bauen also aus Licht und anorganischen Nährstoffen organische Substanzen auf und setzen dabei Sauerstoff frei. Beide besitzen meist einen Stamm und oft blattähnliche Bestandteile, und sie alle sind überwiegend grün, manchmal braun oder rot. Worin also liegt der Unterschied?

Eines vorweg: Die Natur unterscheidet nicht zwischen Pflanzen und Algen; das sind vom Menschen geschaffene Kategorien, mit denen wir es uns leichter machen, über Organismen zu kommunizieren. Und dort, wo Menschen Kategorien schaffen, kann sich auch einmal etwas ändern – so geschehen bei den Algen. Früher zählte man Algen generell nicht zu den Pflanzen, sondern zu den Protisten. Protista sind Lebewesen, die erheblich einfacher konstruiert sind als Pflanzen, Tiere oder Pilze. Inzwischen hat sich die Sicht der Wissenschaft aber geändert; man definiert den Begriff „Pflanze" heute anders und rechnet bestimmte sehr hoch entwickelte Algen zum Pflanzenreich hinzu. Das gilt vor allem für Grünalgen (Chlorophyta) und Rotalgen (Rhodophyta). Also keine Frage: *Caulerpa* und andere Grünalgen, die in unserem Meerwasseraquarium auftauchen, sind nach heutigen Gesichtspunkten Pflanzen, auch man sie vor wenigen Jahren noch nicht dazugezählt hat.

Die wenigzelligen und einzelligen Algen hingegen, die man als Protisten bezeichnet, bilden keine geschlossene Gruppe miteinander verwandter Organismen, sondern sie sind schlicht und einfach all diejenigen fotosynthetisierenden Lebewesen, die so simpel konstruiert sind, dass sie nicht die

Schwammalge
Codium sp.
im Aquarium

Kriterien erfüllen, um von den Pflanzenforschern zu den echten Pflanzen gerechnet zu werden. Es handelt sich also gewissermaßen um eine Art „Käseglocken-Kategorie“, die man über zahlreiche Organismengruppen stülpt.

Unterschiede zwischen Algen und Pflanzen

Trotz aller Ähnlichkeiten gibt es eine Reihe wesentlicher Unterschiede. Pflanzen bilden spezialisierte Zelltypen, die eine bestimmte Form oder Funktion haben und aus denen in der Regel nicht Zellen mit anderen Aufgaben entstehen können. Bei Algen ist die Zellspezialisierung nicht so weit fortgeschritten; ihre mäßig spezialisierten Zellen bleiben dazu in der Lage, auch jene Zelltypen zu erzeugen, die eine andere Form oder Funktion haben – der Wissenschaftler spricht hierbei von Totipotenz. Darum fällt es Algen erheblich leichter, sich aus beliebigen Fragmenten vollständig zu regenerieren, denn eine Zelle, die sich auf bestimmte Aufgaben spezialisiert, verliert dabei meist gewisse andere Fähigkeiten, beispielsweise die der Regeneration. Reißt man im Aquarium etwa ein Büschel Kriechsprossalgen der Gattung *Caulerpa* vom Dekorationsgestein, bleiben meist winzige Stücke daran haften, manchmal so klein, dass sie kaum zu sehen sind. Geschähe dies bei einer herkömmlichen Landpflanze, hätte sie keine Chance, denn sie kann sich nur aus bestimmten, darauf spezialisierten Gewebetypen regenerieren. Die Alge hingegen steckt unseren gärtnerischen Eingriff kalt lächelnd weg und wächst aus den winzigen Fragmenten wieder zu ihrer vollen Größe und Schönheit heran. Im Meer ist diese fantastische Regenerationsfähigkeit für sie überlebenswichtig, denn der permanente Fraßdruck unzähliger algenfressender Tiere würde sie sonst sehr schnell völlig ausrotten. So aber können winzigste Reste,

Thalli der Blattalge *Caulerpa paspaloides* var. *phyllaphlaston*

die in einer Gesteinsritze zurückgeblieben sind, die Art erhalten. Möglicherweise ist gerade dieser Vorteil der Grund dafür, dass Algen „darauf verzichtet haben", spezialisierte Gewebetypen auszubilden.

Blattalgen haben keine Blätter

Es mag merkwürdig klingen, doch Algen haben keine Blätter. Das, was bei Blattalgen zu dem Namen geführt hat, ist ein Phylloid. Man spricht bei der Pflanze von Blatt, Stamm und Wurzel, bei mehrzelligen Algen hingegen von Phylloid, Cauloid und Rhizoid. Der Grund dafür, dass man bei ihnen andere (und kompliziert klingende) Bezeichnungen verwendet, liegt darin, dass sie bei Algen andere Aufgaben erfüllen als Blatt, Stamm und Wurzel bei Pflanzen.

Ein weiterer Unterschied liegt in der Vermehrungsweise. Pflanzen können durch ihre Spezialisierung von Gewebetypen auch solche ausbilden, die Samen erzeugen. Algen sind dazu nicht in der Lage. Allerdings haben einige Algen – bekanntes Beispiel sind Diatomeen, denen die Schalen nach etlichen Teilungen zu klein geworden sind – ebenfalls Wege zur geschlechtlichen Vermehrung entwickelt. Zahlreiche Algen unterscheiden sich aber noch in einem weiteren Punkt von Pflanzen: Sie sind nicht Vielzeller, sondern Einzeller. Das gilt sogar für zahlreiche Blattalgenarten, die wir im Meeresaquarium pflegen, z. B. die bekannte Gattung *Caulerpa*. Eine einzige blattähnliche Struktur besteht bei ihr aus einer einzigen Zelle, die zahlreiche Zellkerne besitzt. Und diejenigen Algen, die vielzellig sind, besitzen lauter identische Zellen, die eigentlich auch allein existieren könnten. Aber der Vorteil liegt auf der Hand: Wenn sich die Algenzellen nach einer Teilung nicht voneinander trennen, werden die Zellverbände größer und entgehen so Filtrierern und kleinen Fressfeinden.

Algen haben sich eben durch ihre Lebensweise optimal an ihren Lebensraum angepasst, was in erster Linie bedeutet, ein gewaltiges Vermehrungspotenzial zu entwickeln, um den enormen Druck durch Algenfresser zu überstehen. Für uns Aquarianer bedeutet dies, dass wir bei Algen stets mit starker Vermehrung rechnen müssen, weshalb es wichtig ist, den nötigen Gegendruck zu entwickeln: durch Begrenzung von Nährstoffen (Phosphat, Nitrat) sowie den Aufbau von Nährstoffkonkurrenz (Algenrefugium) und Fraßdruck (Algenfresser und „gärtnerische Arbeit"). Mehr dazu später.

Caulerpa racemosa im Korallenriff auf den Philippinen

Algen im Korallenriff

Kein Korallenriff existiert ohne Algen. Zugegeben, es mag Ausnahmen geben, wie die *Lophelia-pertusa*-Riffe vor der norwegischen Küste, die in einigen Hundert Metern Tiefe ohne nennenswerte Lichtmengen und keinen Algenwuchs aufweisen. Aber kein tropisches oder subtropisches Riff kann ohne Algen existieren, und selbst wenn wir sie bei einem Blick ins Riff nicht bewusst wahrnehmen, sind Algen dort überall präsent; nichts geht ohne sie. In unzähligen Ritzen, Spalten und Vertiefungen leben Makro- und Mikroalgen, und sobald sie aus ihrem schützenden Spalt hervorwachsen, werden sie von hungrigen Mäulern abgegrast. Aber nie verschwinden sie gänzlich. Grünalgen, Rotalgen, Braunalgen, von der Gezeitenzone bis in tiefe Riffzonen sind sie überall vorhanden, wenigstens als Spuren in Vertiefungen, von wo aus sie durch ihr hervorragendes Regenerationspotenzial fortwährend zu voller Größe heranzuwachsen versuchen (was durch den Fraßdruck normalerweise verhindert wird).

Mit dem pflanzlichen Plankton ist das ganz ähnlich; es ist überall präsent und bildet die Nahrungsgrundlage für tierisches Plankton und zahlreiche Wirbellose, darunter verschiedene Korallen, aber auch viele andere Filtrierer. Das Phytoplankton stellt im Meer die Primärproduktion dar, den Anfang der Nahrungskette, die Grundlage allen Lebens. So-

Das Abfischen von Algenfressern führt zur Algenplage; philippinischer Fischer in einem Korallenriff

gar im Innern von Korallen und anderen Wirbellosen leben Algen, als Symbiosepartner. Wichtig ist ein fein austariertes Gleichgewicht zwischen den einzelnen Algenarten. Sie alle machen sich in gewisser Weise gegenseitig Konkurrenz, und auch zwischen dem Wuchs der Algen und ihrem Abgrasen durch Pflanzenfresser existiert eine sensible Balance. Gerät diese aus dem Gleichgewicht – etwa dadurch, dass menschliche Küstenbewohner die meisten der algenfressenden Fische fangen und gleichzeitig der Regen auch noch Dünger aus ihrer Landwirtschaft in das Wasser spült, so dass Nitrat- und Phosphatwerte ansteigen –, dann verstärkt sich das Algenwachstum, ohne dass die Algenfresser-Population mitwachsen könnte. Die erwachsenen, fortpflanzungsfähigen Exemplare, z. B. der Gattung *Siganus* (Kaninchenfische) sind ja im Suppentopf gelandet. Also ist das feine Gleichgewicht zwischen Algenwuchs und „Algenernte“ aus den Fugen geraten.

Auch ein völlig algenfreies Meeresaquarium ist nicht denkbar, selbst wenn manches Steinkorallenbecken auf den ersten Blick danach aussieht. Algen sind im Aquarium für viele Organismen Nahrungsgrundlage. Ohne Beleuchtung kann sich kein Algenwachstum entwickeln. Ein monatelanger Vergleichsversuch, den ich mit zehn 140-l-Becken durchführte, hat diese Abhängigkeit der Mikrofauna von den Algen eindrucksvoll untermauert. Alle identisch ausgestatteten Becken besaßen poröses Dekorationsmaterial und waren an eine herkömmliche Riffbeckenanlage angeschlossen, einige von ihnen beleuchtet, andere nicht. In den unbeleuchteten blieben Dekorationsgestein und Bodengrund „steril“; es siedelte sich keinerlei erkennbare Kleinorganismen-Population an, während es in den beleuchteten bald recht munter zuging. Die Abhängigkeit der Tierwelt von der pflanzlichen Primärproduktion ist enorm, und erst, wenn man ein solches Becken beleuchtet, beginnen Algen, sich auszubreiten, und im Gefolge vermehren sich auch Kleinorganismen, die von den Algen leben.

Algenüberwachsene Korallen in einem überfischten, küstennahen Riff

Der Süßwasseraquarianer kennt Algen als Feindbild, denn über Nahrungs- und Raumkonkurrenz behindern Algen die Wasserpflanzen ganz empfindlich. In der Meerwasseraquaristik ist das anders, denn hier kann man bestenfalls höheren Algen den Vorrang vor niederen Algen einräumen, um diesen über den Konkurrenzdruck das Leben schwer zu ma-

Wird Lebendgestein beleuchtet und nicht durch herbivore Fische abgeweidet, wachsen darauf zahlreiche Algen, wie dieser Vergleich zeigt.

chen. Höhere – also höher entwickelte – Algen wären beispielsweise Kriechsprossalgen (*Caulerpa*), Algen der Gattung *Chaetomorpha*, aber auch Kalkrotalgen und andere. Aber das Ziel „algenfreies Riffaquarium" ist praktisch nicht realisierbar, denn in irgendeiner Form sind Algen immer präsent, auch wenn wir sie nicht bewusst wahrnehmen. Und die Kalkalgen, die das Gestein mit rosafarbenen oder roten Krusten überziehen, sind alles andere als unerwünscht; auch das pflanzliche Plankton,

Ausbleichen einer *Acropora*-Koralle durch Abgabe der Symbiosealgen; im vorderen und hinteren Bereich siedeln sich auf dem Skelett bereits Grünalgen an.

dessen Vorhandensein im Aquarienwasser wir an der grünlichen Färbung der Flüssigkeit im Abschäumer-Sammeltopf erkennen, ist für viele Kleinorganismen im Riffbecken eine Nahrungsquelle – und sie wiederum ernähren Fische und andere Tiere. Und die bereits erwähnten Symbiosealgen sind Existenzgrundlage der meisten unserer Korallen. Ohne Algen geht im Riffaquarium also gar nichts.

Wichtig ist jedoch, ebenso wie im Korallenriff fein austarierte Gleichgewichte zu finden, einerseits zwischen den einzelnen Algengruppen, die sich über Nährstoff- und Raumkonkurrenz gegenseitig in Schach halten, und andererseits zwischen dem Wachstum der Algen und dem „Abernten", vorzugsweise durch herbivore Tiere. Geraten diese Gleichgewichte aus der Balance, dann kann sich eine schwer kontrollierbare Massenvermehrung entwickeln, wodurch sich die Lebensbedingungen im Aquarium drastisch verändern und für viele Korallen schlechter werden. Intensiver Wuchs von Fadenalgen, Kieselalgen oder Blaubakterien (Cyanobakterien, „Schmieralgen", früher auch als „Blaualgen" bezeichnet) verschiebt das Aquarienmilieu enorm und entfernt es von jenen Bedingungen, die unsere Korallen für eine gesunde Entwicklung brauchen. Durch starken Kohlendioxidverbrauch beispielsweise wird der pH-Wert bis in korallenschädliche Bereiche erhöht, und durch die Fotosynthese der Algen wird das Wasser extrem mit Sauerstoff angereichert. Wir erkennen das an den zahllosen Sauerstoffbläschen, die am Nachmittag überall zu sehen sind, weil das Wasser den ganzen Tag über bereits mit Sauerstoff übersättigt ist und keinen weiteren Sauerstoff mehr lösen kann.

Die Korallen verlieren dann jede Chance, überschüssige Sauerstoffmoleküle aus der Fotosynthese ihrer Symbiosealgen an das Umgebungswasser abzugeben, weil dort die Sauerstoffkonzentration noch höher ist als in ihrem Gewebe (woraufhin sie als Soforthilfe nichts anderes tun können, als ihre Symbiosealgen abzustoßen; sie bleichen aus). Bei frisch eingerichteten Riffbecken stellt dies für den Aquarianer oft die Hauptschwierigkeit dar, weil das gesunde Gleichgewicht im Algenwuchs sich noch nicht entwickelt hat. Alle Algengruppen ringen miteinander um Vorherrschaft, und das frisch angemischte Meerwasser versorgt sie üppig mit allen Mineralien, die sie für ungehemmtes Wachstum brauchen. Erst allmählich werden einige Substanzen knapp, was dann das Algenwachstum limitiert.

Algenfresser sind wichtig

Ebenfalls nötig ist das Limitieren der Pflanzennährstoffe Nitrat und Phosphat. Nitrat begrenzen wir relativ einfach über einen bakteriellen Nitratabbau (gute Abschäumung, Lebendgestein, feiner Bodengrund mit hoher Schichtdicke) und Phosphat über einen Phosphat-Adsorber.

Weiterhin unverzichtbar sind Algenfresser, und zwar nicht nur herbivore Fische wie Doktorfische (Acanthuridae) und Kaninchenfische (Siganidae), sondern auch andere Organismen, die sich pflanzlich ernähren, wie Seeigel sowie bestimmte Einsiedlerkrebse und Gehäuseschnecken. Sehr gute Algenfresser sind die Schnecken, die als „Seehasen“ bezeichnet werden (Gattung *Aplysia*), allerdings – analog zu Seeigeln – auch ein recht großes Algenangebot benötigen, weil sie sonst unweigerlich verhungern. Außerdem tauchen Seehasen im Fachhandel (leider) sehr selten auf. Im Zweifelsfalle sollte man kleine Einsiedler und Gehäuseschnecken bevorzugen. Davon aber können es nicht genug sein, denn wir müssen immer berücksichtigen, dass fehlender Fraßdruck auf die Algen letztlich vom Aquarianer wettgemacht werden muss, beispielsweise durch das Abbürsten oder Absaugen der Algen. Im Grunde genommen ist ein mit der Algenbürste bewaffneter Aquarianer ein „Ersatz-Algenfresser“, und wenn sein Eingriff nötig ist, weist dies auf ein fehlendes Gleichgewicht zwischen Algenwuchs und -fraß hin.

Algen im Wettstreit

Wie bereits erwähnt sind Algen im Riffaquarium in irgendeiner Form immer präsent. Was wir aber beeinflussen können – und sollten – ist die Frage, welche Algen in unserem Aquarium dominant sind. Stets befinden sich zahlreiche Algenarten miteinander im Wettstreit, und bestimmte von ihnen werden im Laufe der Zeit dominant und drängen andere zurück. In einem frisch eingerichteten Riffaquarium ist das besonders gut zu beobachten, weil darin genau diese Dominanz einzelner Arten noch fehlt und viele Arten nacheinander eine explosionsartige Vermehrungsphase durchmachen, in der sie bis an ihre Existenzgrenze gelangen, um dann wieder auf eine Minimalpopulation zurückzugehen. In der Regel fängt es mit Kieselalgen an, die im frisch angemischten Salzwasser viel Siliziumoxid für ihren Panzer haben – alles wird innerhalb weniger Tage von schmierig braunen Belägen überzogen. Sobald das überschüssige Siliziumoxid aufgezehrt ist, gehen sie zurück, und dann reicht das freie Kohlendioxid für die Vermehrung anderer Algentypen. Meist folgen dann Blaualgen, die später schließlich von fädigen Grünalgen abgelöst werden, und irgendwann tauchen in der Regel Kalkrotalgen auf. Das ist ein normaler Ablauf während der ersten Zeit, die man als „Einfahrphase" bezeichnet. Er setzt allerdings voraus, dass die jeweils nächste Algengruppe im Wasser alles vorfindet, was sie zur Vermehrung braucht.

Stellen wir uns einmal vor, den Kalkrotalgen fehlt das nötige Kalzium oder Magnesium, so dass sie sich nicht etablieren können. Folglich bleibt ihr Druck als Nahrungs- und Raumkonkurrent auf andere Algentypen aus, und diese können sich dann im Aquarium viel stärker etablieren, als das mit Kalkalgen als Konkurrenz der Fall gewesen wäre. Das führt unter Umständen dazu, dass sich Blaubakterien oder fädige Grünalgen im Aquarium stark etablieren und dann eine Art „Heimvorteil" entwickeln, der es Kalkalgen später schwer macht, sich durchzusetzen. Ähnlich kann es sich auch mit ganz anderen Algentypen entwickeln.

Kalkalgen – hier *Mesophyllum* – können niedere Algen zurückdrängen.

„Lustalgen“ und „Lastalgen“

Grundsätzlich kann der Aquarianer höhere Algen leichter abernten als niedere Formen, so dass ihre Vermehrung sich besser steuern lässt. Die meisten Makroalgen kann man darum als „Zieralgen“ einsetzen und gezielt pflegen, während die niederen Algen grundsätzlich unerwünscht sind und zur Last werden. Etwas pointiert könnte man also vielleicht von „Lustalgen“ und „Lastalgen“ sprechen. Und da höhere Algen niedere Formen limitieren und sogar zurückdrängen können, ist es hilfreich, in ein Aquarium – vor allem in der Einfahrphase – gut kontrollierbare Makroalgen einzusetzen, um niederen Algen das Leben schwerer zu machen. Damit gehen wir einen Schritt in Richtung Algenwuchskontrolle: Wir bestimmen, was läuft – bis zu einem gewissen Grad jedenfalls. Tun wir das nicht, dann bestimmen die Algen das Geschehen im Aquarium, und uns wird das Ruder aus der Hand genommen.

Auch viel später, nach der Einfahrphase, können wir lästige Algen mit anderen, schnellwüchsigen, aber gut kontrollierbaren Algen bekämpfen. Dazu müssen wir einer solchen Alge eine Art Refugium schaffen, in dem sie optimale Wachstumsbedingungen vorfindet, wie in einem späteren Kapitel beschrieben. Ein solches Algenbecken mag eine gewisse Konkurrenz für Korallen darstellen, aber zumindest in der Anfangsphase überwiegen die positiven Effekte bei weitem. Sobald dieses Algenbecken als Konkurrenzdruck auf niedere Algen nicht mehr nötig ist, kann man es durchaus in ein Kleintier-Refugium verwandeln, das der ungestörten Vermehrung von Organismen dient, die mit ihren Larven tierisches Plankton – und damit Korallennahrung – erzeugen. Algen werden im Aquarium also in jedem Fall wachsen, und wir Aquarianer können wählen, ob wir die Natur entscheiden lassen, welche Algentypen das sind, oder ob wir selbst diese Entscheidung treffen, indem wir Algen unserer Wahl ein Refugium einrichten, in dem es ihnen besser geht als den unerwünschten niederen Algen im Riffbecken.

Algen als Aquarienpfleglinge

Den besten Beleg dafür, dass Algen im Meerwasseraquarium bisweilen nicht Plage, sondern Segen sind, liefern von Makroalgen dominierte „Holländische Pflanzenaquarien“. Zwar hatten sie ihre große Zeit eher in den 1970er- und frühen 1980er-Jahren, als die Aquarienhaltung von Korallen noch nicht so weit entwickelt war wie heute, aber dennoch zeigen sie deutlich, dass es so etwas wie „Lustalgen“ gibt. Zahlreiche Grün- und Rotalgen kommen für ein solches Aquarium in Frage, und für manch einen Süßwasseraquarianer, der mit der Meerwasseraquaristik liebäugelt, aber aus Gewohnheit heraus nicht auf das saftige Grün

Makroalgen – hier *Caulerpa nummularia* – können zu dekorativen Beständen heranwachsen.

im Becken verzichten möchte, mag dieser Aquarientyp ideal sein. Man könnte ihn als „Artenaquarium für Algen“ bezeichnen.

In einem solchen Algenbecken lassen sich zauberhafte Makroalgen pflegen, die in der Riffaquaristik praktisch niemals auftauchen, weil sie sehr leicht den Herbivoren zum Opfer fallen. Das ist eigentlich schade, denn viele dieser sehr dekorativen Algen tragen wir mit frisch importiertem Lebendgestein in das Aquarium hinein, ohne dass sie sich etablieren können. Setzen wir einen solchen Gesteinsbrocken stattdessen in ein beleuchtetes Becken ohne Algenfresser, dann wachsen darauf meist innerhalb weniger Wochen zahlreiche verschiedene Algenarten. Einzelne davon können wir abnehmen und in ein Algenaquarium setzen, um sie dort gezielt zu größeren Beständen heranzuziehen. Auf diese Weise kann man zu regelrechten Kostbarkeiten kommen, ohne dafür viel Geld auszugeben, denn jeder Brocken Lebendgestein aus dem Riff ist eine regelrechte „Wundertüte“, übersät mit den unterschiedlichsten Organismen, von denen sich immer nur jeweils diejenigen etablieren können, denen wir im Aquarium entsprechende Lebensbedingungen bieten.

Passend für ein Algenaquarium wären natürlich die schnellwüchsigen Kriechsprossalgen der Gattung *Caulerpa*. Nicht nur die aquaristisch sehr verbreiteten *C. prolifera*, *C. taxifolia* und *C. racemosa*, sondern auch so seltene wie *C. paspaloides* var. *phyllaphlaston*, die zauberhaft

Ein Algenrefugium am Riffbecken hat zahlreiche Vorteile. Ideal dafür geeignet sind sind allerdings nicht, wie hier zu sehen, *Caulerpa*-, sondern *Chaetomorpha*-Arten.

feine, gefiederte Thalli entwickelt. Aber auch langsam wachsende Grünalgen kommen in Frage, etwa die fleischigen *Codium*-Arten oder ein grüner *Halimeda*-Kalkalgenbusch. Einen hervorragenden Farbkontrast zu den Grünalgen bieten einige Rotalgenarten, und ein üppig bewachsenes Algenaquarium ist dem Charme eines Süßwasseraquariums als bepflanztem Unterwassergarten durchaus gewachsen. Wichtig ist allerdings, dass man in ein solches Becken die passenden Tiere hineinsetzt. Die allermeisten Korallen dürften sich darin nicht wohl fühlen, und algenfressende Tiere sollten tunlichst ferngehalten werden, was die Auswahl natürlich sehr einschränkt.

Algenrefugium am Riffaquarium

Ein besonderer Typ von Algenbecken ist das Algenrefugium, das an ein Riffaquarium angeschlossen wird, um mit dem Wachstum von Makroalgen den schwer kontrollierbaren Mikroalgen im Aquarium das Leben zu erschweren und ihr Wachstum durch Nährstoffkonkurrenz zu bremsen. Man verlagert den Algenwuchs damit also in ein spezielles Becken, in dem man ihn kontrollieren und Algen ernten kann. Zwar lassen sich der Phosphat- und Nitratgehalt des Beckens dadurch nicht auf einem niedrigen Niveau halten – dazu müsste man täglich riesige Mengen abernten –, aber der Algenwuchs in diesem Becken kann zumindest den niederen Algen im Aquarium Nährstoffe entziehen und es ihnen dadurch erschweren, sich dauerhaft zu etablieren und auszudehnen. Und schließlich ist ein gewisser Export von Nährstoffen durch das Abernten möglich, im Gegensatz zum Fressen von Algen im Aquarium durch Fische, die später die Verdauungsüberreste wieder ausscheiden, so dass der größte Teil der aufgenommenen Nährstoffe sich noch im System befindet.

Ein weiterer Vorteil ergibt sich, wenn man das Algenbecken nur während der Dunkelphase des Aquariums beleuchtet, denn dann stabilisiert es den pH-Wert. Tagsüber fotosynthetisieren die Algen im Aquarium, und der pH-Wert steigt, weil CO_2 Mangelware wird. Nachts hingegen würde der pH-Wert normalerweise absinken, doch der inverse Beleuchtungszyklus führt dazu, dass dann die Algen im Refugium mit ihrer Fotosynthese CO_2 verbrauchen.

Als Algenrefugium kann jedes Filterbecken dienen, das mit dem Riffbecken in Verbindung steht. Als Besatz eignen sich fraglos die weit verbreiteten *Caulerpa*-Arten, doch sie sind nicht ideal, denn es kommt bei ihnen regelmäßig zum Populationszusammenbruch, und darüber hinaus haben sie noch weitere Nachteile, auf die ich später bei der Beschreibung der Gattung ausführlicher eingehe. Weitaus besser geeignet sind Algen der Gattung *Chaetomorpha*. Zwar sind diese im Handel derzeit leider kaum zu bekommen, aber wenn die Aquaristikfachgeschäfte ihren Wert für das Hobby entdeckt haben und sie gezielt vermehren (was ausgesprochen leicht ist), werden sie für jeden Aquarianer erhältlich sein. Vielleicht kann dieses Buch mit der Vorstellung der Gattung und ihrer Vorteile dazu beitragen.

Algen als Plage

Neben den erwünschten Tieren und Pflanzen im Riffaquarium pflegen wir oft auch ungebetene Aquarienbewohner, die uns das Leben bisweilen erheblich erschweren: die Mikroalgen. Ich habe sie anfangs salopp als „Lastalgen“ bezeichnet, und wer im Hobby zurechtkommt, ohne dass sie ihm mittlere bis größere Schwierigkeiten bereiten, kann sich glücklich schätzen. Der erfahrene Meerwasseraquarianer denkt bei dem Begriff „Algenplage“ zunächst sicher an Schmieralgen und Fadenalgen, vielleicht auch an Goldalgen, aber prinzipiell kann jede schnellwüchsige Alge zu einer Plage werden, wenn die Lebensbedingungen für sie ideal sind und Fressfeinde fehlen. Im Prinzip muss man sogar sagen, dass es eine „Algenplage“ im eigentlichen Sinn gar nicht gibt; erst der Mensch macht mit seinen spezifischen Vorlieben das eine Aquarium zum prächtigen Algenaquarium, das andere zu einem algengeplagten Problembecken.

Bei meinen Korallenfarmprojekten in Asien habe ich oft massives Wachstum von Algen an den künstlichen Substraten der Korallenfragmen-

Padina-Invasion im Korallenaufzuchtbehälter einer Korallenfarm in Indonesien nach dem Abdecken mit einem Gitter, das Fische abhält

te erlebt, das allein dadurch ausgelöst wurde, dass die Aufzuchtbehälter mit einem Netz oder Bambusgitter abgedeckt wurden, um korallenfressende Fische fernzuhalten. Gleichzeitung wurden eben auch die Algenfresser ausgesperrt, was oft dazu führte, dass die wachsenden Korallenfragmente innerhalb weniger Wochen von Algen überwuchert wurden.

Kugelalgen der Gattungen *Valonia* oder *Ventricaria* können Unmengen ihrer kugelförmigen Thalli erzeugen, die nicht nur alle Scheiben überziehen, sondern auch in dicker Schicht lose auf dem Bodengrund liegen. Und bei allen Algenplagen ist die Vorgehensweise im Prinzip immer gleich. Zunächst versuchen wir, natürliche Fressfeinde einzusetzen. Bei manchen Arten gelingt es dadurch, die Plage in den Griff zu bekommen. Zweite Möglichkeit ist das Reduzieren der Algennährstoffe Nitrat und Phosphat. Als dritte Option kann man sich bemühen, die Lebensbedingungen für die Algen zu verschlechtern. Dazu gehört ein Defizit an Substanzen wie Eisen oder Kohlendioxid ebenso wie der Mangel an Licht-Spektralanteilen, die für Algen besonders wichtig sind, doch um hier eine passende Strategie zu entwickeln, muss man die jeweilige Algenart und ihre spezifischen Bedürfnisse berücksichtigen. Mehr dazu also bei der Beschreibung einzelner Algengruppen.

Diese *Ventricaria*-Kugelalgen wurden in einer einzigen Sitzung aus einem 140-l-Aquarium geholt.

Die meisten Korallen – hier *Knopia octocontacanalis* – besitzen im Körpergewebe Symbiosealgen.

Algen als Korallensymbionten

Korallen können sich auf unterschiedlichem Wege ernähren. Sie können Schwebestoffe und planktonische Organismen fangen und verdauen, oder sie können Meerwasser in ihr Inneres pumpen und darin gelöste Stoffe aufnehmen. Eine weitere Ernährungsmethode ist ein Geniestreich der Natur, der möglicherweise durch Zufall entstanden ist und zu einer der erfolgreichsten Symbiosen auf unserem Planeten geführt hat: die Endosymbiose der Korallen. Diese Nesseltiere „züchten" Millionen einzelliger Algen in ihrem Körpergewebe und bieten ihnen dadurch nicht nur einen wirksamen Schutz vor Fressfeinden, sondern auch stabile Umgebungsbedingungen. Hier können die Algen, die zu den Dinoflagellaten zählen, ungestört ihrem Geschäft nachgehen, der Fotosynthese. Dabei nutzen sie Lichtenergie, um aus unbelebten Stoffen (Kohlendioxid und Wasser) organische Substanz

Symbiosealgen unter dem Mikroskop

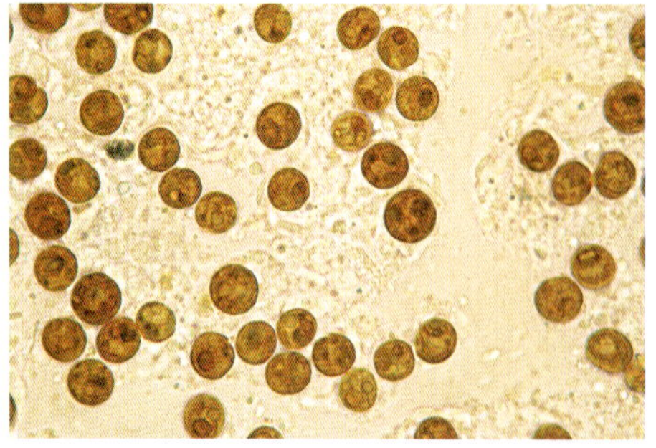

(Traubenzucker) herzustellen, wobei Sauerstoff freigesetzt wird. Sie verbrauchen also Kohlendioxid und produzieren Traubenzucker und Sauerstoff. Die Koralle hingegen verbraucht Traubenzucker und Sauerstoff, und sie produziert Kohlendioxid. Das ist das Prinzip der Kreislaufwirtschaft zwischen Pflanzen und Tieren, das überall auf unserem Planeten anzutreffen ist, doch hier ist es auf engstem Raum verwirklicht, in der Koralle. Diese geniale Lebensgemeinschaft zum beiderseitigen Nutzen ist vor langer Zeit entstanden; wie die Wissenschaft vermutet, eher beiläufig, denn die Algen sollten im Gewebe der Korallen wohl eigentlich verdaut werden. Es gelang solchen Algen, die von der Koralle in das Zellinnere eingeschleust worden waren, sich der Zersetzung zu entziehen, und weil ihre Abfallstoffe von der Zelle verwertet werden konnten, reicherten sich diese nicht an.

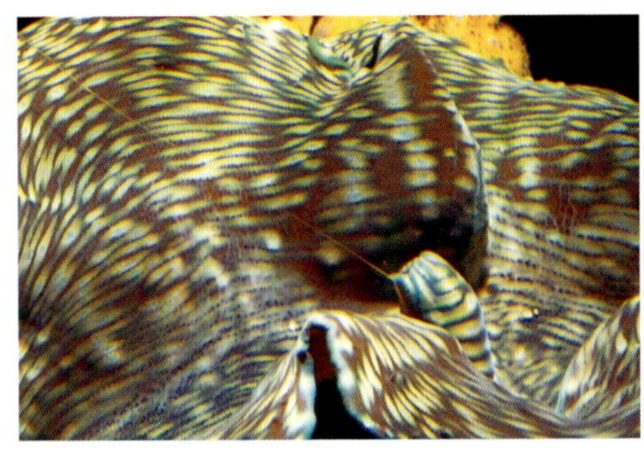

Diese Riesenmuschel *Tridacna squamosa* gibt infolge einer Schwermetallvergiftung abgestorbene Symbiosealgen ab.

Die Koralle erlangt dadurch gewaltige Vorteile. Sie besitzt nicht nur eine Art „Gemüsegarten im eigenen Körper", der ihr je nach Art mehr als 90 % der erforderlichen Energie liefern kann, sondern auch eine Unterstützung bei der Kalksynthese, die bei den meisten Arten für den Skelettaufbau nötig ist. Korallenarten mit Symbiosealgen, als zooxanthellat bezeichnet, können erheblich schneller wachsen als solche, die ohne pflanzliche Symbionten leben. Allerdings verbinden sich damit auch gewisse Nachteile. Beispielsweise sind diese zooxanthellaten Korallen auf die Lichtzone beschränkt, was für die meisten Arten bedeutet, dass sie innerhalb der oberen 20 m unter der Wasseroberfläche leben müssen. Auch reagieren sie empfindlich auf eine gesteigerte Fotosyntheserate ihrer pflanzlichen Gäste. Durch gesteigerte Lichtzufuhr (Beleuchtungsdauer bzw.-intensität) oder durch höhere Wassertemperatur erhöht sich die Sauerstoffabgabe der Alge. Die Sauerstoffproduktion übersteigt in der Regel ohnehin den Bedarf der Koralle, so dass diese einen Teil davon entgiften muss, weil sonst toxische Sauerstoffradikale ihr Gewebe oxidieren. Nimmt die Abgabe der Symbiosealgen jedoch stark zu, dann ist dieser Entgiftungsmechanismus der Koralle überfordert, und sie kann als Sofortmaßnahme nichts anderes tun, als ihre Symbiosealgen abzustoßen – sie bleicht aus. Für die Zeit danach ist das Ziel nun, neue Symbiosealgen vom umgebenden Wasser aufzunehmen und anzusiedeln, doch bis es soweit ist, muss eine ausge-

Diese *Briareum*-Koralle hat ihre Symbiosealgen nahezu vollständig verloren.

Tubastrea micranthus enthält keine Zooxanthellen, besitzt aber im Skelett endolithische Algen der Gattung *Ostreobium*.

Die Innenseite dieser Riesenmuschel *Tridacna squamosa* zeigt recht massiven Befall mit Bohralgen, der jedoch nicht zum Tod des Tieres geführt hat.

bleichte Koralle ihren Energiebedarf aus einem verstärkten Planktonfang decken. Genau hier liegen die Schwierigkeiten vieler Korallenarten, denn nicht alle können ihren Planktonfang „auf Kommando" ausreichend steigern, und so fallen manche der Ausbleichung zum Opfer.

Neben diesen Symbiosealgen oder Zooxanthellen ist aber vor einigen Jahren noch ein weiterer Typ pflanzlicher Symbionten entdeckt worden: die endolithischen Algen. Der Name sagt soviel wie „im Stein lebend" und bezieht sich darauf, dass die Algen sich in das Kalkskelett der Koralle hineinbohren. Diese Lebensgemeinschaft ist für die Koralle durchaus nützlich, denn, wie der Wissenschaftler Prof. Dietrich SCHLICHTER an Algen der Gattung *Ostreobium* in der Koralle *Tubastrea micranthus* nachweisen konnte, entwickelt sich tatsächlich ein Energietransfer von der Alge zur Koralle, auch wenn dieser mit ca. 7 % nur einen Bruchteil des Bedarfs deckt. Problematisch wird diese Angelegenheit, wenn die Koralle sich in einem Aquarium mit erhöhter Nährstoffkonzentration (Nitrat, Phosphat) befindet, weil dann das Algenwachstum so stark angeregt werden kann, dass sie das Korallenskelett regelrecht zerstört.

Nährstoffreiches Wasser führt oft zu regelrechtem Überwachsen von Steinkorallen, hier *Derbesia* sp. auf *Acropora* sp.

Algenwuchs fördernde Faktoren

Gleich, ob man Algen nun in einem üppig wachsenden Unterwassergarten halten oder sie als Plage bekämpfen möchte, das Ziel ist die Kontrolle über ihren Wuchs. Dazu muss man einiges über ihre Bedürfnisse wissen, entweder um diese zu erfüllen, oder um den Algen die Existenzgrundlage zu entziehen. Algen brauchen Licht, Nährstoffe und Mineralien, und ihr Wachstum wird von der knappsten Ressource begrenzt. Wenn Algen ungewöhnlich schlecht wachsen, nützt es also nichts, ein Nährelement hinzuzugeben, das bereits im Überfluss vorhanden ist. Der Mangelfaktor muss erkannt und beseitigt werden. Sind also beispielsweise Nährstoffe (Nitrat, Phosphat) und Mineralien (Eisen u. a. Spurenelemente) ausreichend vorhanden, und ist sogar die Beleuchtung optimal, Kohlendioxid aber knapp, dann nützt eine zusätzliche Eisendüngung ebenso wenig wie die Zufuhr weiterer Nährstoffe oder eine verstärkte Beleuchtung.

Umgekehrt kann natürlich das ungewollte Beseitigen eines solchen Mangelfaktors eine dramatische Algenplage auslösen. Stellen wir uns ein Aquarium vor, in dem Phosphat- und Nitratgehalt recht hoch sind, Eisen und andere Spurenelemente durch regelmäßige Teilwasserwechsel zur Verfügung stehen und die Beleuchtung genau den Bedürf-

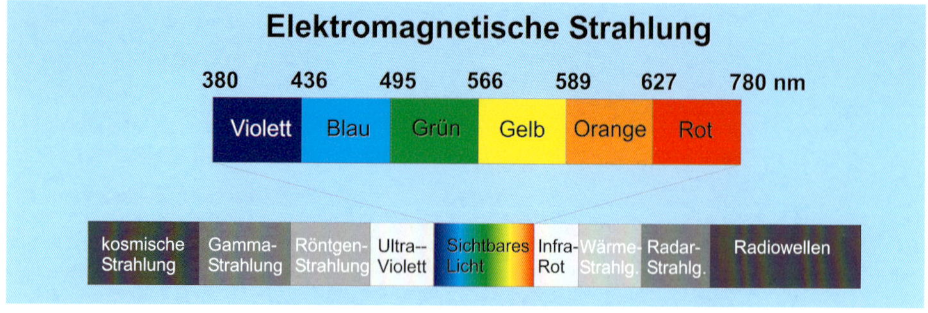

Der sichtbare Teil elektromagnetischer Strahlung heißt „Licht".

nissen von Fadenalgen entspricht. Es ist alles da, bis auf das Kohlendioxid, denn durch eine regelmäßige Kalziumhydroxidgabe („Kalkwasser") führte der Aquarianer bisher Kalk zu, und dieses alkalische Kalkwasser bindet freies CO_2 sehr effektiv. Folge war, dass Fadenalgen wegen dieses Minimalfaktors nicht wachsen konnten. Nun installiert der Aquarianer aber einen Kalkreaktor, und der macht genau das Gegenteil: Er trägt CO_2 in das System ein. Vor dieser Veränderung war CO_2 der Mangelfaktor, der – trotz des üppigen Vorhandenseins aller übrigen Faktoren – den Algenwuchs auf einige winzige und kaum wahrnehmbare Fleckchen begrenzte. Nun aber ist der Mangel beseitigt, und dieser Aquarianer findet wahrscheinlich innerhalb weniger Tage eine grüne Algenwiese vor, die sich durch keine Bürste der Welt reduzieren lässt, und wer nun versucht, durch Algenfresser der Plage Herr zu werden, wird enttäuscht sein.

Physikalische Faktoren

Licht ist die wesentlichste Grundlage für die Fotosynthese und damit den Algenwuchs. Allerdings unterscheiden Algen hier unterschiedliche Spektralanteile des Lichtes. Licht ist der sichtbare Teil elektromagnetischer Strahlung. Man gibt die Wellenlänge dieser Strahlung in Nanometern (nm) an, und der sichtbare Teil liegt zwischen 380 und 780 nm.

Jede Alge hat sich auf eine bestimmte Mischung von Lichtanteilen spezialisiert, und mit derjenigen Mischung von Anteilen, die wir über dem

Die Spektralverteilung des Sonnenlichtes ist gleichmäßig.

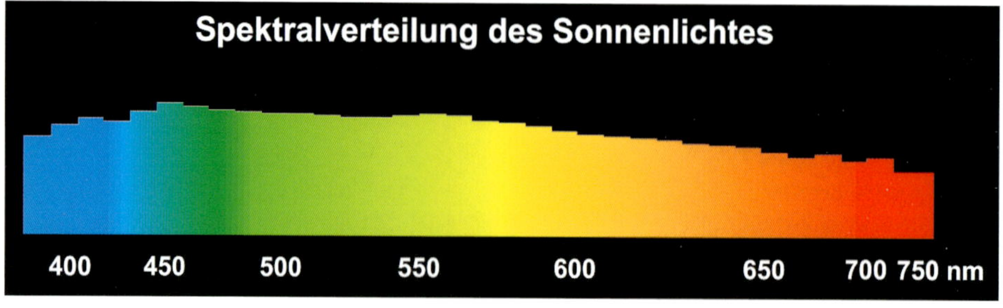

Aquarium erzeugen, bestimmen wir, wie gut die Bedürfnisse der Algen erfüllt werden. Diese Mischung wird als Lichtfarbe bezeichnet und als „Farbtemperatur" in Kelvin (K) angegeben. Für uns ist es allerdings nicht ausreichend, eine bestimmte Lichtfarbe zu wählen, denn diese ist nur ein Mischwert, der nichts über die einzelnen Spektralanteile aussagt. Dazu ein vereinfachendes Beispiel: 3 + 5 = 8, aber auch 1 + 7 = 8; ein mittlerer Kelvin-Wert kann entweder durch mittlere Spektralanteile zustande kommen oder durch sehr niedrige plus sehr hohe.

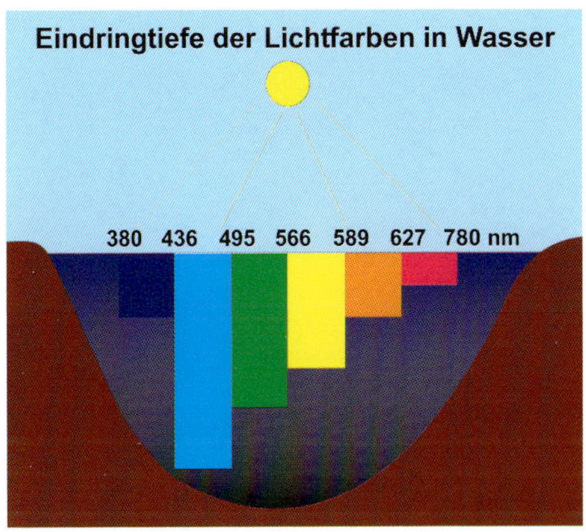

Die einzelnen Spektralanteile dringen unterschiedlich tief in Wasser ein.

Der grüne Pflanzenfarbstoff Chlorophyll spielt bei der Fotosynthese die Hauptrolle, und seine Aufgabe ist es, Lichtstrahlung bestimmter Wellenlängen zu absorbieren, damit sie für die Fotosynthese zur Verfügung stehen. Zahlreiche Chlorophyll-Arten sind bekannt, und sie haben ihren Lichtabsorptions-Schwerpunkt in jeweils unterschiedlichen Spektralbereichen, meist aber um 400 und zwischen 600 und 800 nm. Strahlung anderer Wellenlängen können sie also kaum oder gar nicht aufnehmen. Um nun auch Strahlung anderer Wellenlängen zu nutzen, besitzen Algen Hilfsfarbstoffe, die ihren Lichtabsorptions-Schwerpunkt in jeweils anderen Spektralbereichen haben. Man nennt sie „akzessorische Assimilationspigmente". Ihre Aufgabe besteht darin, jene Lichtanteile zu absorbieren, die das Chlorophyll nicht erfassen kann, und sie an dieses weiterzuleiten, damit sie für die Fotosynthese genutzt werden können. Zahlreiche solcher Hilfspigmente sind bekannt, und sie nehmen ganz unterschiedliche Spektralanteile auf. Jede Algenart besitzt eine ganz individuelle Zusammenstellung von Hilfspigmenten, die ihr oft auch eine typische Farbe gibt. Ein Hilfspigment, das grüne Strahlungsanteile absorbiert, rote aber reflektiert, macht die Alge rot. Zwar besitzt auch eine Rotalge das grüne Chlorophyll, doch diese grüne Farbe wird von der Rotfärbung ihrer Hilfspigmente überlagert.

Wenn wir nun berücksichtigen, dass das Meerwasser wie ein Farbfilter wirkt und aus dem Sonnenlicht die einzelnen Spektralanteile tiefenabhängig herausfiltert, wird klar, dass die einzelnen Algenarten sich durch ihre jeweils typische Hilfspigment-Ausstattung an einen bestimmten Tiefenbereich anpassen. Genau hier liegt ein Ansatzpunkt für ihre Bekämpfung, wie wir später sehen werden.

Weitere physikalische Faktoren sind natürlich Wassertemperatur, Wasserbewegung und Salzgehalt. Sie alle müssen sich in demjenigen Bereich befinden, der für die jeweilige Algenart optimal ist, und man kann mit Veränderungen experimentieren, um das Wachstum zu bremsen

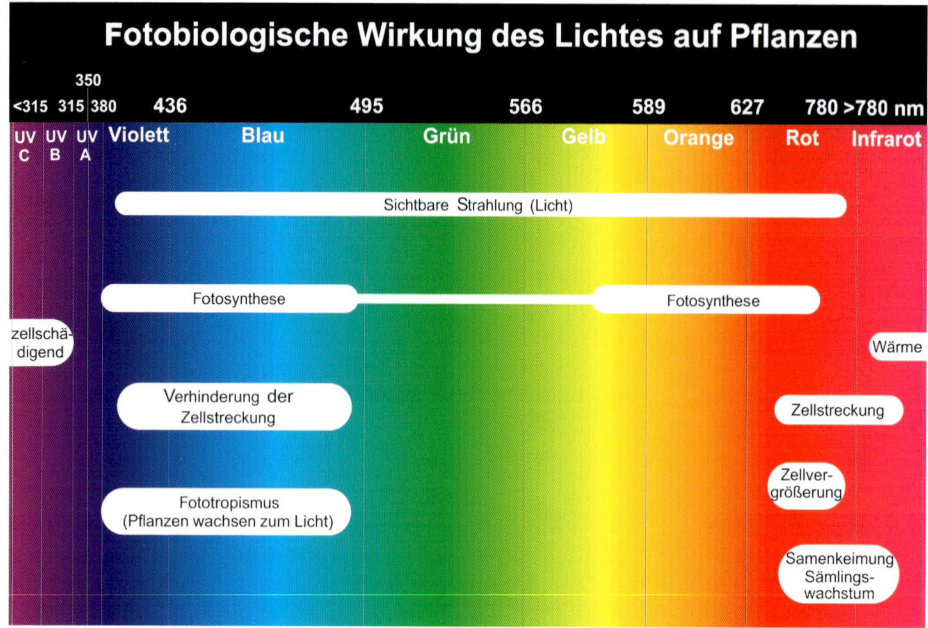

Jedes Leuchtmittel besitzt durch seine Spektralcharakteristik eine andere Wirkung auf Algen.

oder eine ungeliebte Algenart zu schädigen, etwa durch eine Dichteveränderung (z.B. einen algenbewachsenen Stein in einen Wassereimer mit geringerer oder erhöhter Salzdichte legen). Im Korallenriffaquarium sind die Möglichkeiten solcher Experimente allerdings begrenzt.

Nährstoffe

Nitrat (bzw. Stickstoff), Phosphat und Kohlendioxid sind unverzichtbare Nährstoffe für jeden Pflanzen- und Algenwuchs. Mangelt es an einem dieser drei, dann werden Algen nicht dazu in der Lage sein, zu wachsen. Normalerweise stehen sie im Aquarium jedoch alle durch Stoffwechsel und Atmung der gepflegten Tiere zur Verfügung, und unser Problem ist in der Regel, ihre Menge zu begrenzen. Beim CO_2 ist das noch relativ einfach, denn dazu reicht ein Algen-Refugium. Alternative dazu ist der Einsatz von Kalkwasser, das ebenfalls freies CO_2 bindet und dadurch Algenwuchs bremsen kann. Auch der Nitratabbau ist relativ leicht durch Lebendgestein und eine hohe Schicht feinen Bodengrundes zu erreichen, denn hier siedeln sich nitratabbauende Bakterien an. Außerdem reduziert bereits ein regelmäßiger Teilwasserwechsel Nitrat. Schwieriger ist das Entfernen von Phosphat aus dem Wasser, doch inzwischen hält der aquaristische Fachhandel zahlreiche Adsorber bereit (Eisenhydroxid, Aluminiumhydroxid), die dies leisten können. Allgemein sollte man natürlich auch durch moderat gewählten Fischbesatz und durch ent-

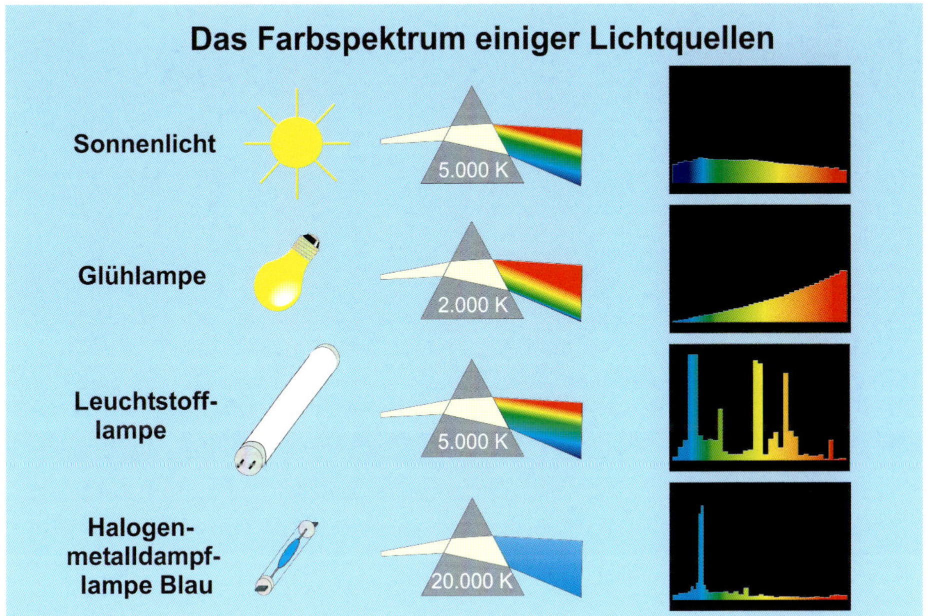

Ein Glasprisma trennt die einzelnen Spektralfarben des Lichtes. Auch bei Lichtfarben mit dem gleichen Kelvinwert kann die spektrale Zusammensetzung unterschiedlich sein.

sprechend dimensionierte Wasseraufbereitung (insbesondere Abschäumung) dafür sorgen, dass der Nährstoffgehalt des Aquarienwassers nicht zu hoch ansteigt. Werte von 10 mg/l für Nitrat und 0,1 mg für Phosphat sollten möglichst nicht überschritten werden. Wichtig ist jedoch, darauf zu achten, dass die beiden Werte nicht voneinander entkoppelt werden, etwa dergestalt, dass der Nitratwert durch geeignete Maßnahmen abgesenkt wird, während der Phosphatwert hoch bleibt. Dies erzeugt einen relativen Stickstoffmangel, und es eröffnet Cyanobakterien („Schmieralgen") gegenüber allen echten Algen einen entscheidenden Vorteil, denn sie sind dazu in der Lage, gelösten atmosphärischen Stickstoff für ihre Fotosynthese zu nutzen, während Algen dies nicht können. Mehr dazu bei der Beschreibung der Cyanobakterien.

Mineralien

Ein wesentlicher Faktor für den Algenwuchs ist die mineralische Versorgung. Zu nennen sind hier neben den Mengenelementen Kalzium, Magnesium und Kalium vor allem die Spurenelemente Bor, Eisen, Mangan, Kobalt, Molybdän und Zink sowie für Kieselalgen natürlich auch Kieselsäure. Keine einzelne dieser Substanzen kann allein für sich den Algenwuchs fördern. Als Mangelfaktor kann sie ihn jedoch begrenzen, und dies eröffnet gewisse Möglichkeiten, den Algenwuchs zu steuern. Problematisch ist jedoch im Korallenriffaquarium stets, dass unsere Symbiosealgen im Ko-

Im Tiefsandbett wird Nitrat auf sehr effektive und einfache Weise abgebaut.

rallengewebe ähnliche Bedürfnisse haben wie niedere Algen, die zur Plage werden. Doch der Bedarf an jedem einzigen Mineralstoff ist nicht bei allen Algenarten gleich groß. So brauchen manche Algen beispielsweise erheblich mehr Eisen als andere, und dadurch wirkt sich Eisen als Mangelfaktor auf sie stärker aus als auf andere. Bei der Beschreibung der Goldalgen gehe ich auf diesen Punkt ausführlicher ein. Symbiosealgen haben darüber hinaus noch den Vorteil, ihr CO_2 von der Wirtskoralle zu bekommen, so dass ein Mangel an freiem CO_2 im Wasser sie weniger trifft als andere Algen.

Strategien zur Algenbekämpfung

An zahlreichen Stellen dieses Buches wurde in den unterschiedlichsten Zusammenhängen bereits auf mögliche Ansatzpunkte für die Algenbekämpfung hingewiesen. Wichtig ist hierbei, ein Verständnis für ihre Bedürfnisse zu bekommen, damit man sie an ihrer schwächsten Stelle treffen kann. Ich erwähnte bereits, dass es nicht viel Sinn ergibt, Algen (ungewollt) fortwährend mit allem zu versorgen, was sie brauchen, und sie dann, wenn sie unzählige ihrer Thalli gebildet haben, abzubürsten. Algen alle nötigen Wachstumsfaktoren zu bieten und sie dann mechanisch zu entfernen, ist eine sehr unglückliche Strategie. Ein solcher Don-Quixote-hafter Kampf gleicht einem Schildbürgerstreich; einerseits erlauben wir den Algen, das Aquarienwasser mit ihren Sekreten anzureichern, die das Milieu bestimmen und andere Organismen jeglicher Art in der Entwicklung hemmen, und andererseits bringen wir mit dem Verletzen ihrer Thalli die Sekrete ins Freiwasser und leisten dem Kampf der Algen gegen uns noch Vorschub. Natürlich argumentiere ich nicht dagegen, die störenden Algen abzubürsten, doch ich halte es für einen Fehler, darin eine Bekämpfungsmaßnahme zu sehen. Es ist nicht mehr als ein Pflaster, das wir auf die Wunde kleben.

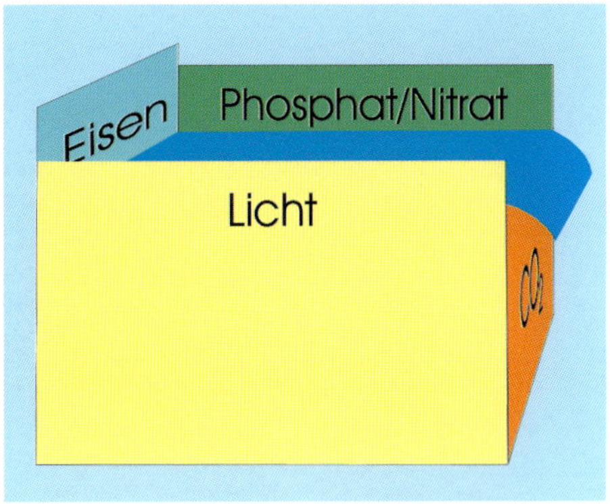

Justus von Liebigs Fass als Aquarium mit verschieden hohen Scheiben: Der Minimalfaktor bestimmt die „Füllhöhe".

Fressfeinde

Der erste Schritt ist, einen natürlichen Fressfeind zu suchen. Bei einigen Algenarten gelingt dies, bei anderen hingegen kaum oder gar nicht, und genau dadurch werden sie zu einem der Hauptprobleme des Riffaquaristikhobbys. Welche Tiere hierfür in Frage kommen, wird in einem späteren Kapitel erörtert.

Minimalfaktoren

Der zweite Schritt ist, ihr Wachstum über einen Minimalfaktor zurückzudrängen. Dazu müssen wir erkennen, welche Faktoren für ihre Existenz wichtig sind. Einige solcher Faktoren sind für alle Algen relevant, andere artabhängig in unterschiedlichem Maß, und genau jene sind es, die uns erlauben, das Gleichgewicht zwischen den Algen zu verschieben. Solche individuellen, artabhängigen Bedürfnisse der störenden Algenart müssen wir ausmachen und blockieren.

Beleuchtung optimieren

Dazu gehört zuallererst, die spektrale Lichtzusammensetzung so zu gestalten, dass ein Defizit für unsere „Lastalgen" entsteht. Die meisten Algen lieben langwellige Spektralanteile, also Gelb- und Rottöne, und genau die sollten wir deshalb zu meiden suchen. Darum empfiehlt sich eine Beleuchtung mit kürzeren Wellenlängen, sprich, eine blaulastige Beleuchtung. Ich habe selbst gewaltige Schmieralgenpopulationen fast über Nacht zusammenbrechen sehen, nachdem gealterte T8-Tageslicht-Leuchtstofflampen durch neue Leuchtmittel mit höheren Kelvin-Werten ersetzt wurden (z. B. HQI 13.000 K und T5 15.000 K). Hier ist vor allem zu bedenken, dass Leuchtmittel sich beim Altern im Betrieb normalerweise zu wärmeren (langwelligeren, gelblichen/rötlichen) Farbtönen hin verändern, weil die Erzeugung kurzwelliger (blauer) Spektralanteile nachlässt. Die Empfehlung aquaristischer Hersteller, ihre Leuchtmittel nach bestimmter Betriebsdauer auszutauschen, auch wenn sie noch funktionieren, geht also nicht auf Geldschneiderei zurück.

Blaulichtdominanz

Vor allem während der Einlaufphase eines Meeresaquariums empfiehlt es sich, vorwiegend mit kurzwelligen (blauen) Spektralanteilen zu beleuchten (z. B. blauen T5-Röhren). Auch bei eingefahrenen, aber algengeplagten Aquarien kann ein solcher Versuch empfehlenswert sein,

Je stärker Aquarienscheiben beleuchtet werden, umso kräftiger ist darauf der Wuchs von Mikroalgen.

wenn man seine Korallen dadurch nicht schädigt. Aber beim neu eingerichteten Becken ist diese Gefahr nicht gegeben, und in dem blauen Lichtspektrum können sich störende Mikroalgen kaum etablieren. Erst wenn nach ca. zwei Monaten allmählich Korallen eingesetzt werden, sollte man andere Wellenlängen dazubringen (z. B. durch Leuchtstofflampen oder HQI-Brenner mit 10.000–15.000 K).

Nährstofflimitierung

Weitere Mangelfaktoren können Nährstoffe sein, und um sie zu reduzieren, gibt es zahlreiche Möglichkeiten. Man kann einerseits ihre Entstehung verringern (sparsamer Fischbesatz, Frostfutter gut spülen u. a.), ihren biologischen Abbau fördern (Lebendgestein, Tiefsandbett u. a.) sowie ihren Export steigern (Abschäumung, Aktivkohlefilterung, Algenrefugium mit regelmäßigem Ernten von Algen, die nicht verfüttert werden, Zeolithfilterung, Phosphatadsorber, Vielfach-Adsorber wie Poly-Filter, Purigen u. a.). Auch sollte man Nährstoffdepots wie Mulmecken im Bodengrund und in strömungstoten Zonen hinter dem Dekorationsgestein entfernen, und wenn Phosphatdepots auf kalkhaltigen Oberflächen sich durch Phosphatadsorber nicht beseitigen lassen, empfiehlt sich ein teilweiser Austausch des Gesteins. Ein Mangel an freiem CO_2 lässt sich durch regelmäßige Kalkwassergaben (pH-Wert überwachen!) ebenso erreichen wie durch ein separates Algenrefugium.

Manche Borstenwürmer fressen (und reinigen) Bodengrund.

Algenfresser

Kleinlebewesen

Viele Algenplagen gehen schlichtweg auf gestörte biologische Verhältnisse im Aquarium zurück, denn wie eingangs erwähnt, ist der Fraßdruck ein den Wuchs limitierender Faktor, und zahlreiche Kleinorganismen im Aquarium leben von Algen. Oft nehmen wir diese Organismen nicht wahr, obgleich sie ein vitaler Bestandteil unseres Aquarien-Ökosystems sind. Von Borstenwürmern ist das Algenfressen beispielsweise weitgehend unbekannt. Man hält sie für Schädlinge und Räuber, bekämpft und dezimiert sie. Tatsächlich aber fressen manche größeren Borstenwurmarten feinen Bodengrund und reinigen ihn dadurch (was ich fotografisch belegen konnte), wirken also einer Algenplage entgegen. Andere, kleinere Borstenwurmarten verzehren fortwährend Algen (ebenfalls fotografisch dokumentiert). Eliminiert man nun die Borstenwürmer, dann fehlen ihre Aktivitäten. Hält man substratfressende Borstenwurmarten mit grobem Bodengrund, ist es kaum verwunderlich, wenn sie sich nach anderer Nahrung umsehen und räuberisches Fressverhalten entwickeln.

Einige Borstenwürmer verzehren Algen.

Vor allem in fischarmen Aquarien können wir Kleintiere entdecken, die sich von Algen ernähren. Dünne Beläge niederer Algen an der Aquarienscheibe verschwinden an bestimmten, fleckförmigen Stellen oft ohne erkennbare Ursache. Der Grund dafür sind Ciliaten, die wir mit einer Lupe am Rand solcher algenfreien Flecken finden können. Auch auf anderen Oberflächen sind sie aktiv, ebenso wie Copepoden oder Amphipoden. All diese extrem kleinen Tiere, die wir im Aquarium kaum wahrnehmen, sind eine Armada winziger Helfer, die uns im Kampf um die Algenwuchskontrolle unterstützen, und alles, was wir gegen sie tun, hilft den Algen bei ihrer Ausbreitung. Zwar wird niemand mit Hilfe seiner Amphipoden eine Algenplage beenden können, aber für deren Vermeidung hilft es, die Kleinlebewesen als wichtiges Element im Ökosystem Aquarium zu verstehen.

Kleinkrebse wie Gammariden und andere Amphipoden sind wichtiges Element des Ökosystems Aquarium.

Mollusken

Unter den Gehäuse-, Napf- und Käferschnecken finden sich hervorragende Algenfresser. Zwar werden einige von ihnen zu groß, beispielsweise einige *Aplysia*- oder *Dolabella*-Arten, doch klein bleibende *Aplysia*-Arten sind für die Algenkontrolle im Riffbecken bestens geeignet. Ihr Problem liegt vor allem darin, dass sie sich oft ihrer eigenen Nahrungsgrundlage berauben und anschließend ver-

hungern, etwas, das auch für herbivore Stachelhäuter gilt. Gehäuseschnecken wie *Turbo*, *Trochus*, *Tectus* oder *Astraea* sind als Algenfresser ebenso gut einsetzbar wie *Strombus*-Arten (z. B. *S. gigas*). Der aquaristische Fachhandel bietet noch zahlreiche weitere Arten an, deren Eignung man leicht am Fressverhalten erkennen kann.

Herbivore Schnecken – hier *Stomatella* sp. – sind hervorragende Algenfresser, besonders solche Arten, die selbsterhaltende und dynamische Populationen erzeugen.

Herbivore Gehäuseschnecken, ca. 8 mm groß

Seehase *Aplysia* sp.

Käferschnecke (*Chitonidae*)

Winzige Napfschnecke

Nerita sp.

Tectus sp.

Trochus sp.

Herbivore Kaurischnecke *Cypraea* frisst an der Scheibe Algen

Geradezu fantastisch sind meiner Erfahrung nach kleine *Stomatella*-Arten geeignet, weil sie sich im Aquarium vermehren können und dadurch eine Population erzeugen, die dynamisch ist, sich also den Algenwuchsverhältnissen anpasst. Ähnliches gilt für die erheblich kleineren *Euplica*-Arten, die sich an den Scheiben vieler Riffbecken finden. Auch Napfschnecken, etwa der Gattung *Diodora*, fallen in diese Kategorie, denn sie können sehr individuenreiche Populationen erzeugen, wie auch einige kleine Käferschnecken, eigentümliche Mollusken mit einer achtteiligen Schale.

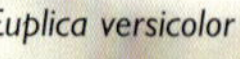

Euplica versicolor

Einer der besten Algenfresser: Pfaffenhutseeigel (*Tripneustes gratilla*)

Stachelhäuter

Seeigel sind Algenfresser par excellence. Zwar sind die langstacheligen *Diadema*-Arten sowie *Echinothrix calamaris* aus verschiedenen Gründen nicht optimal für ein Riffbecken, doch einige kleiner bleibende, kurzstachelige Seeigel sind hervorragend geeignet. Ich erinnere mich an eine *Cladophoropsis*-Plage im Aquarium meines Freundes Helmut Debelius, die nur durch den Pfaffenhutseeigel (*Tripneustes gratilla*) beherrscht werden konnte. Einer der unproblematischsten Seeigel ist der kleine Kugelseeigel (*Mespilia globulus*), während der Pfaffenhutseeigel nach meiner Erfahrung der gefräßigste ist. Der hübsche Zweifarbenseeigel (*Salmacis bicolor*) ist ebenfalls geeignet und frisst neben Algen auch einige andere Organismen, beispielsweise die Hydroidpolypen *Myrionema amboinensis*, die ebenfalls zu einer Plage werden können. Nur bei Nahrungsmangel wird er sich opportunistisch verhalten und seinen Speiseplan auf Aquarienpfleglinge ausdehnen.

Unproblematisch und algenhungrig: Kugelseeigel (*Mespilia globulus*)

Clibanarius tricolor

Krebse

Krebse eignen sich ebenfalls als Algenvertilger. Zwar fressen Arten der Gattungen *Mithraculus* oder *Pitho* durchaus Algen, aber prinzipiell ist es ratsam, eine Armada kleiner Einsiedlerkrebse einzusetzen. Besonders empfehlenswert sind *Clibanarius tricolor*, der in Ebbetümpeln und Seegraswiesen lebt, und *Paguristes cadenati*, der aus dem Riff stammt. Auch kleine *Calcinus*-Arten fressen Algen. Vor allem an Stellen, die für herbivore Fische kaum zugänglich sind, weiden diese kleinen, munteren Kerlchen Algen, etwa im Geäst von *Acropora*-Stöcken.

Paguristes cadenati

Empfindlich gegen Ektoparasiten, aber eingewöhnt guter Algenfresser: *Paracanthurus hepatus*

Fische

Doktorfische sind sicher die populärsten Algenfresser für das Korallenriffaquarium, weil sie über ihre nützliche Eigenschaft hinaus zumeist prächtig gefärbt sind. Allerdings sind einige Arten außerordentlich empfindlich gegenüber Ektoparasiten (z. B. *Acanthurus japonicus*, *A. leucosternon*, *A. achilles*), weshalb man als weniger erfahrener Aquarianer eher zu robusteren Arten greifen sollte (*Zebrasoma flavescens*, *Z. desjardini*, *Z. scopas*, *Acanthurus triostegus*, *A. olivaceus*, *A. xanthopterus* u. v. a.). Gegen dünne Beläge niederer Algen eignen sich Borstenzähner der Gattung *Ctenochaetus*, die allerdings gegenüber Hautparasiten wieder recht empfindlich sind. *Naso*-Arten sind gut geeignet, besonders die kaum aggressiven *N. vlamingi*, *N. brevirostris* und *N. unicornis*. Der besonders schön gefärbte *N. lituratus* neigt zu aggressivem Revierverhalten und ist auch deutlich schwieriger an Ersatzfutter zu gewöhnen, was seine Haltung problematischer macht.

Sehr empfehlenswert sind auch Kaninchenfische der Gattung *Siganus* (in älteren Büchern als *Lo* geführt). Vor allem *S. vulpinus* und der sehr ähnliche *S. unimaculatus* eignen sich als Algenfresser für ein Riffaquarium,

Ebenso gut geeignet wie *Zebrasoma flavescens*: *Z. scopas*

Drei Algenfresser, hervorragend geeignet: *Siganus vulpinus* (re.); problematisch in der Eingewöhnung: *Naso lituratus* (li.); fast immer vorgeschädigt im Handel: *Zanclus cornutus* (M)

ebenso die etwas empfindlicheren und erheblich selteneren *S. uspi* und *S. magnificus*. Andere *Siganus*-Arten werden meist zu groß für ein durchschnittliches Riffbecken. Kaiserfische gehören zwar auch zu Algenfressern, doch ihr Fraßdruck auf Korallen ist so groß, dass ihre Haltung im Riffbecken nicht ratsam ist. Darüber hinaus benötigen sie erheblich mehr Schwimmraum, als ein Aquarium herkömmlicher Größe bieten kann. Lediglich Zwergkaiserfische der Gattung *Centropyge* wären angeraten, obgleich einige von ihnen Riesenmuscheln und manchen Korallen gegenüber nicht ganz unproblematisch sind.

Viele selten gehandelte *Siganus*-Arten fressen Algen, werden aber für das normale Riffaquarium zu groß.

Salarias fasciatus raspelt Algen von festen Oberflächen.

Blenniiden gehören ebenfalls zu den effektiven und empfehlenswerten Algenfressern. Sie eignen sich vor allem, um dünne Beläge niederer Algen von Scheiben und Gesteinsoberflächen abzuweiden, was ihnen durch ihre spezielle Maulform erleichtert wird. Die Gattung *Salarias* wäre hier ebenso zu nennen wie beispielsweise *Ecsenius*, *Atrosalarias* und *Istiblennius*. Auch Gobiiden können bei der Algenkontrolle helfen. Für das Entfernen von Algen auf feinem Bodengrund – einschließlich Fadenalgen – empfehlen sich einige Vertreter der Gattungen *Amblygobius* oder *Cryptocentrus*, denn sie nehmen fortwährend Bodengrund auf und verwerten die darin befindlichen Algen, wodurch sie den Boden sauber halten.

Grundeln der Gattung *Cryptocentrus* halten den Bodengrund algenfrei.

Caulerpa taxifolia

Aquaristisch verbreitete Algenarten

Grünalgen

Grünalgen stellen die größte Gruppe der Algen dar, denn sie umfassen mehr als 7.000 Arten. Sie alle enthalten Chlorophylle, oft aber auch noch Hilfspigmente, die das Grün dann überlagern und die Algen rot oder bläulich aussehen lassen können.

Caulerpa racemosa gibt Sporen ab und löst sich auf.

Kriechsprossalgen

Caulerpa

Kriechsprossalgen der Gattung *Caulerpa*, die rund 75 Arten enthält, haben in der Meeresaquaristik eine große Bedeutung. Sie sind ausgesprochen wuchsfreudig und so anspruchslos, dass sie sich schon unter einer einzigen Tageslichtröhre vermehren lassen.

Der große Nachteil dieser Algengattung ist die Neigung zum Populationszusammenbruch bei zu dicht wachsendem Bestand, der

Caulerpa prolifera

durch einen Versuch der Alge zustande kommt, sich geschlechtlich zu vermehren. Dieser Versuch ist im Aquarium nur in Ausnahmefällen erfolgreich (ich habe einen Fall mit *C. racemosa* erlebt), doch er führt immer zum Auflösen des ursprünglichen Algenbestandes, was die darin enthaltenen Nährstoffe freisetzt und über zerfallende organische Substanzen einen Sauerstoffmangel auslösen kann. Zwar habe ich bei den einzelnen *Caulerpa*-Arten eine sehr unterschiedlich stark ausgeprägte Neigung zu solchen Populationszusammenbrüchen festgestellt, doch prinzipiell ist sie bei allen vorhanden. Nach meinen Erfahrungen geschieht es bei *C. prolifera* relativ selten, ebenso bei *C. cerrulata*, bei *C. taxifolia* gelegentlich, jedoch bei *C. nummularia* und vor allem *C. racemosa* sehr oft. Die stärkste Neigung dazu fand ich bei der sehr seltenen karibischen Art *C. paspaloides* var. *phyllaphlaston*.

Das bedeutet, dass man einen *Caulerpa*-Bestand im Algenbecken regelmäßig auslichten muss, um einen solchen Populationszu-

Caulerpa prolifera bei der geschlechtlichen Vermehrung

sammenbruch zu vermeiden. Aber genau dabei kommt es an den Wundstellen zum „Ausbluten" und zur Freisetzung des Giftstoffs Caulerpin, der Korallen hemmen kann, denn *Caulerpa* ist, wie bereits erwähnt, ein Einzeller, der die Wunden nur sehr langsam durch Gerinnung verschließen kann. Aus diesem Grund halte ich diese Gattung für die Haltung im Riffaquarium oder im angeschlossenen Algenrefugium nicht für ideal.

Wuchskontrolle: manuelles Entfernen, Doktorfische, Kaninchenfische

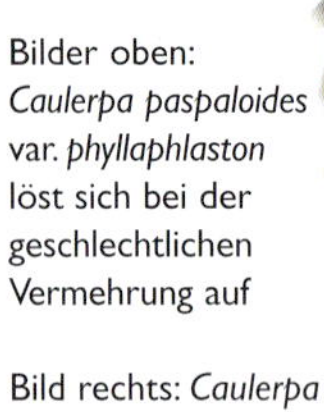

Bilder oben: *Caulerpa paspaloides* var. *phyllaphlaston* löst sich bei der geschlechtlichen Vermehrung auf

Bild rechts: *Caulerpa paspaloides* var. *phyllaphlaston* „blutet" nach einer Verletzung aus und setzt toxisches Sekret frei.

Derbesia-Fadenalgen können hartnäckige Plagen auslösen

Fadenalgen

Fadenalgen der Gattung *Derbesia* treten vor allem in älteren und nährstoffreichen Riffbecken auf und gehören zu den lästigsten Plagen in der Meeresaquaristik. Sie überziehen Dekorationsgestein und andere feste Flächen mit ihren dichten Polstern, die aus feinsten Filamenten bestehen, und sie überwachsen dabei nahezu alle sessilen Wirbellosen, so dass sie im Korallenbestand schweren Schaden anrichten können. Wegen der fraßhemmenden Substanzen, die sie produzieren, sind Fressfeinde kaum auszumachen; bestenfalls werden extrem kurze „Rasen" durch verschiedene Herbivore weiterhin kurz gehalten. Massenvermehrungen sind schwer zu begrenzen, weil diese Alge über Ausscheidungen ihr Umgebungsmilieu manipuliert und andere Algen zurückdrängt, was ihren eigenen Wuchs verstärkt.

Bryopsis-Fadenalgen im Aquarium

Fadenalgen der Gattung *Bryopsis* treten eher in jüngeren Riffbecken auf. Sie unterscheiden sich von *Derbesia* dadurch, dass die einzelnen Filamente zum Ende hin gefiedert sind. Auch diese Algen erzeugen in phosphat- und nitratreichen Becken oft hartnäckige Plagen, die schwer zu beenden sind.

Wuchskontrolle: Bekämpfung zweigleisig. A: durch Minimalfaktoren Mangel er-

zeugen, also Nährstoffe reduzieren (Nitrat, Phosphat), Karbonathärte oberhalb von 7 °dKH halten, einen CO_2-Mangel erzeugen (CO_2-Eintrag durch Kalkreaktor vermeiden, Anwendung von Kalkwasser zur Begrenzung von freiem CO_2), B: zugleich durch mechanische Eingriffe die Menge vorhandener Algensubstanz fortwährend beschränken, d. h. regelmäßig manuelles Entfernen vorhandener Fadenalgenbestände; Abbürsten und gleichzeitig intensive mechanische Filterung gegen schwebende Algenreste (starke Tauchpumpe mit Wattefiltertopf) und Aktivkohlefilterung gegen freigesetzte Algensekrete. Kurze Algendecken können durch Herbivore (Gehäuseschnecken, Doktorfische, Kaninchenfische, Seeigel) kurz gehalten werden. Ein Algenrefugium mit *Chaetomorpha* kann die Maßnahmen unterstützen.

An Steinkorallen mit Wachstumsstörungen – hier *Seriatopora hystrix* – siedeln sich leicht Fadenalgen an.

Drahtalgen

Drahtalgen der Gattung *Chaetomorpha* bilden drahtartige Filamente, die stark gewunden sind und Ähnlichkeit mit einem Topfkratzer aus Kunststoff haben. Diese Gattung ist in der Riffaquaristik wahrscheinlich diejenige, deren positives Potenzial am meisten unterschätzt wird. Es

Chaetomorpha-Algen besitzen ein enormes Wachstumspotenzial.

Bei *Chaetomorpha* handelt es sich um einen Mehrzeller, wie auch mit bloßem Auge leicht zu erkennen ist.

handelt sich dabei um einen Mehrzeller, weshalb diese Alge beim Abreißen von Teilbeständen nicht „ausblutet" und Sekrete freisetzt, und außerdem produziert sie keine giftigen Substanzen, die ins Wasser gelangen könnten. Da sie sich in der Regel nicht an Oberflächen befestigt, sondern frei schwebende Kissen bildet, ist sie extrem leicht zu kontrollieren. Kleintieren bietet sie im Refugium ein hervorragendes Substrat. Ihr Wuchspotenzial ist extrem groß und übersteigt wahrscheinlich sogar das von Kriechsprossalgen. Diese Algengattung ist ein hervorragender Ersatz für *Caulerpa*-Arten in einem Algenrefugium, das an ein Riffaquarium angeschlossen ist. Würden Aquaristik-Fachgeschäfte diese extrem leicht zu haltende Alge gezielt vermehren, um sie zu verkaufen, wäre sie bald jedem Aquarianer zugänglich.

Chaetomorpha ist diejenige Alge, die für ein Algenrefugium am Riffbecken am besten geeignet ist.

Drahtalgen der Gattung *Cladophoropsis* bilden ebenfalls Filamente, die sehr fest sind, doch sie wachsen stets auf Gesteinsoberflächen. Zwar sehen mit ihrem saftigen Grün hübsch aus, doch ihr Vermehrungspotenzial ist gewaltig, so dass sie durchaus große Teile der Steindekoration überziehen und Wirbellose schwer schädigen können. Es ist nahezu unmöglich, sie bei einer Plage mechanisch vollständig zu entfernen, z. B. durch Abbürsten, weil sie aus Resten schnell wieder heranwachsen.

Wuchskontrolle: *Cladophoropsis*-Drahtalgen können durch den ausgesprochen algenhungrigen Pfaffenhutseeigel (*Tripneustes gratilla*) kontrolliert werden.

Cladophoropsis-Polster können sich dramatisch ausbreiten.

Valonia-Kugelalgen können eine erstaunliche Größe erreichen, dieses Exemplar hat eine Länge von 5 cm.
Foto: R. Hebbinghaus

Kugelalgen

Kugelalgen der Gattungen *Valonia* bilden keulenförmige Zellen, während Vertreter der ähnlichen Gattung *Ventricaria* eine Kugelform bilden. Im Riff trifft man gelegentlich kleine, fleckförmige Ansammlungen, aber im Riffaquarium können diese Algen – auch ohne starke Nährstoffanreicherung – erhebliche Bestände erzeugen. Meist liegt der Kugeldurchmesser deutlich unterhalb von 10 mm, doch einige *Ventricaria*-Arten können sehr große Kugeln erzeugen, die dann meist solitär stehen. Die Vermehrung erfolgt nicht nur vegetativ durch Knospung, sondern auch geschlechtlich, indem sich im Innern der Kugel Tochterzellen bilden, die durch das Auflösen der (zuvor transparent gewordenen) Mutterzelle freigesetzt werden.

Wuchskontrolle: Manuelles Entfernen, einige große Doktorfische und vor allem Kaninchenfische fressen Kugelalgen sehr gern.

Valonia-Kugelalgen im Aquarium

Pfennigalgen

Die Pfennigalgen der Gattung *Halimeda* schützen sich durch Kalkeinlagerung vor ihren Fressfeinden und werden darum von den meisten

Valonia-Kugelalgen unterwachsen die Silikonnaht eines Aquariums

Halimeda opuntia

Herbivoren gemieden. Sie sind hübsch und ermöglichen oft, in einem Becken mit algenfressenden Fischen einen attraktiven Bestand heranzuziehen. In manchen Becken entwickeln sie jedoch ein gewaltiges Vermehrungspotenzial und können dann nicht nur Korallen zurückdrängen und schädigen, sondern dem Wasser auch große Mengen an Kalzium entziehen.

Wuchskontrolle: Manuelles Entfernen, einige große Doktorfische und Seeigel, z. B. *Diadema*-Arten, verzehren sie auch.

Schwammalgen

Die hübschen Schwammalgen der Gattung *Codium* werden praktisch nie gezielt angeboten. Man erhält sie eigentlich nur, wenn man frisch importiertes Lebendgestein beleuchtet und Algenfresser fernhält, um zu sehen, welche Algen sich darauf entwickeln. Auf diese Weise konnte ich schöne *Codium*-Bestände erzeugen, die interessantes „Verhalten" zeigten: In regelmäßigen Abständen bildeten sie dicht stehende, haarähnliche Anhänge, an denen zahlreiche Schwebestoffe haften

Halimeda discoidea

Die Schwammalge *Codium* bildet hübsche Bestände.

blieben. Leider ist nicht bekannt, welchem Zweck dies dient, und es wäre reine Spekulation anzunehmen, dass die Alge auf diese Weise Kohlenstoff für ihren Stoffwechsel gewinnen möchte. Diese Alge ist jedoch ausgesprochen attraktiv und wurde in meinen Becken von herbivoren Fischen in Ruhe gelassen.

Gelegentlich treiben *Codium*-Arten haarähnliche Anhänge aus, an denen Partikel haften bleiben.

Meersalat

Die grünen Blätter des Meersalats, die von beinahe allen Doktorfischen und zahlreichen anderen Herbivoren gierig gefressen werden, gehören zur Gattung *Ulva*. Der Bau dieser Alge ist sehr einfach, denn die Membranen bestehen nur aus 1–2 Lagen aneinander liegender Zellen. Ihr Vermehrungspotenzial ist gewaltig, doch da sie leicht auszulichten und zudem für zahlreiche Herbivore interessant ist, kann sie Korallen nicht gefährlich werden. Gezielt vermehren lässt sie sich nur in Abwesenheit von Algenfressern.

Eng verwandt mit *Ulva* ist die Gattung *Enteromorpha*, deren Gewebe allerdings schlauchförmig gerollt ist. Diese Alge erscheint oft auf

Meersalat (*Ulva* sp.)

Enteromorpha sp.

frisch importiertem Lebendgestein, vor allem, wenn es sich in einem neu eingerichteten Becken befindet, dessen Wasser noch nicht mineralisch verarmt ist. Sie bildet allerdings nur kleine Bestände, die bald wieder verschwinden und sich nicht etablieren können.

Schirmalgen

Die Schirmalgen der Gattung *Acetabularia* sind einzellig und bilden sich auf frisch importiertem Lebendgestein, das unter Ausschluss von Algenfressern mit ausreichender Beleuchtung gehalten wird. Sie besitzen einen hochinteressanten Lebenszyklus, der sehr komplex und differenziert ist und auch die Freisetzung von Zysten umfasst, die im Schirm heranreifen. Karibische Arten können bis 5 cm Höhe erreichen, mediterrane sogar bis 10 cm, doch auf Lebendgestein aus dem Indopazifik findet man gewöhnlich sehr klein bleibende Arten, die kaum mehr als 10 mm Länge erreichen, wie die abgebildeten Exemplare. Zwar liegen noch keine Informationen darüber vor, dass der Vermehrungszyklus im Aquarium hätte geschlossen werden können, doch trotzdem ist es sehr interessant, diese winzige Schirmalge auf dem Lebendgestein über einen längeren Zeitraum zu beobachten.

Unten links: Eine ca. 4 mm breite *Acetabularia*-Art mit Zysten kurz vor der Freisetzung
Unten rechts: *Acetabularia* nach der Freisetzung der Zysten; auf dem Schirm befinden sich zwei Mikroalgen fressende Tanaiden.

Eine *Penicillus*-Art aus der Karibik; im Aquarium nicht leicht zu halten

Pinselalgen

Die hübschen Pinselalgen der Gattung *Penicillus*, die aus der Karibik stammen, sind im Aquarium leider schwierig zu etablieren. Der Grund dafür liegt möglicherweise darin, dass sie sich mit ihrem knollenförmigen Haftorgan im feinen Bodengrund verankern und dort ein bestimmtes Milieu vorfinden müssen, ähnlich wie Seegräser, die im Sandboden ein sehr nährstoffreiches Milieu benötigen.

Pflanzliches Plankton

„Grünes Wasser", phytoplanktonhaltiges Wasser, hier mit Seepferdchenbabys, die darin Copepoden und Artemien fressen

Das als „Grünes Wasser" bekannte Phytoplankton, das für die Aufzucht zahlreicher Larven unerlässlich ist, kann unterschiedliche pflanzliche Einzeller enthalten. Man vermehrt diese Organismen gezielt, um tierisches Plankton zu ziehen, mit dem schließlich Tierlarven ernährt werden. Gelegentlich kommt es auch in einem Riffaquarium zu einer so genannten Algenblüte, die durch die intensive Vermehrung von Phytoplankton entsteht. Sie kann bis zu zwei Wochen andauern und verschwindet dann in der Regel von selbst.

Wuchskontrolle: UV-Entkeimung beendet die Algenblüte durch das Abtöten der Einzeller sehr schnell, und eine Reduzierung der Nährstoffkonzentration (Phosphat, Nitrat) kann einem wiederholten Auftreten vorbeugen.

Bohralgen in der Schale einer Riesenmuschel

Bohralgen

Die Algen der Gattung *Ostreobium* sind in der Aquaristik als Bohralgen bekannt, weil man weiß, dass sie in das Kalkskelett von Steinkorallen eindringen und es zerstören können. In der Wissenschaft sind sie inzwischen aber auch als Symbiosepartner bestimmter Steinkorallenarten beschrieben worden, die mit ihnen eine stabile Lebensbeziehung eingehen (endolithische Algen). Es scheint, dass dieses Gleichgewicht im Aquarium durch bestimmte Faktoren gestört wird und dann regelrecht entgleist. Auch bei Riesenmuscheln sind in den Schalen oft Bohralgen nachweisbar, die normalerweise jedoch nicht den Tod des Weichtieres verursachen. Dass hier eine symbioseähnliche Beziehung zwischen Tier und Alge bestehen könnte, ist allerdings kaum wahrscheinlich.

Rotalgen

Rotalgen besitzen neben Chlorophyll und zahlreichen Hilfspigmenten auch das Pigment Phycobilin, das sie rötlich aussehen lässt. Ihr dominierendes Hilfspigment ist jedoch r-Phycoerythrin, das blaue Lichtstrahlung absorbiert und an das Chlorophyll weiterreicht. Dadurch können sie in größeren Tiefen existieren als Grünalgen, denn diese vermögen

Feine fädige Rotalgen: *Ceramium* sp.

die dort dominierenden blauen Spektralanteile des Lichtes schlechter oder gar nicht für ihre Fotosynthese zu nutzen. Für das Aquarium bedeutet dies, dass sie unter Blaubeleuchtung besser wachsen als Grünalgen. Einige Rotalgen bilden eine kalkhaltige Kruste auf dem Substrat und tragen dadurch erheblich zum Riffaufbau bei. Im Handel werden Rotalgen kaum angeboten. Man erhält sie am einfachsten, indem man sie aus Lebendgestein herauswachsen lässt und dann kultiviert.

Grobe fädige Rotalgen: *Gelidiopsis* sp.

Kraut-Rotalge
Nitrophyllum sp.

Fädige Rotalgen

Zahlreiche Rotalgenarten bilden eine fädige Wuchsform aus. Dazu gehört das sehr feine *Ceramium* ebenso wie die etwas gröberen *Polysiphonia, Gelidium, Gelidiopsis* und andere, deren Unterscheidung für den Aquarianer jedoch nicht wichtig ist. Man findet sie meist auf Lebendgestein, bisweilen zwischen den Lamellen von Kalk-Rotalgen der Gattung *Mesophyllum*. Bei ausreichendem Fraßdruck durch allerlei Herbivore, vor allem Doktorfische, werden sie in der Regel nicht zu einem Problem. Es sind jedoch Fälle bekannt, in denen sich eine regelrechte Massenvermehrung entwickelte, die kaum zu stoppen war. Dafür ist ein erhöhter Nährstoffgehalt ebenso verantwortlich wie fehlender Fraßdruck.

Wuchskontrolle: Reduzieren von Nitrat und Phosphat, manuelles Entfernen, Doktorfische, Kaninchenfische, Seeigel, herbivore Gehäuseschnecken, kleine Einsiedlerkrebse

Kraut-Rotalgen

Die erheblich gröber wirkenden, krautförmigen Rotalgen der Gattungen *Nitrophyllum* und *Halymenia* sind ausgesprochen dekorativ. Ihre Wuchsformen sind einander sehr ähnlich, wenngleich *Halymenia* an den Enden etwas feiner verzweigt ist. Sie können kräftiges Wachstum entwickeln, sind aber bei Algenfressern – insbesondere Doktorfischen – derart beliebt, dass sie im Riffbecken kaum zu einem Problem werden können. In einem reinen Algen-Artenbecken können sie einen sehr reizvollen Farbkontrast zu Grünalgen setzen.

Wuchskontrolle: Doktorfische, Kaninchenfische

Zweig-Rotalge *Hypnea* sp.

Zweig-Rotalgen

An fraßgeschützten Stellen sieht man im Riffaquarium gelegentlich verzweigte Rotalgen aus dem Lebendgestein herauswachsen. Meist handelt es sich dabei um eine der beiden Gattungen *Eucheuma* oder *Hypnea*, die voneinander schwer abzugrenzen sind. Sie sind relativ fest, bräunlich rot und können, wenn der Fraßdruck fehlt, schöne Bestände erzeugen. Eine sehr hübsche Rotalge ist *Botryocladia*, die ebenfalls verzweigt wächst. Ihre sehr festen Äste sind dicht mit kugelförmigen Thalli besetzt, was ihr eine ausgesprochen dekorative Wirkung verleiht.

Rotalge *Botryocladia* sp.

Kalk-Rotalge

Kalk-Rotalge gehören zu den nützlichsten und auch zu den ästhetisch besonders reizvollen Algen im Riffaquarium. Sie überziehen das Gestein mit rötlichen Krusten und erschweren eine Ansiedlung niederer Algen erheblich. Kräftiger Kalk-Rotalgenwuchs zeigt in der Regel ein gutes Milieu an, in dem Steinkorallen sich meist auch gesund entwickeln. Wer Schwierigkeiten hat, Kalkalgen zu etablieren, hat meist auch Probleme mit Steinkorallen. Zahlreiche Kalk-Rotalgen-Gattungen sind in der Aquaristik anzutreffen, und zu den häufigsten gehören das rosafarbene *Mesophyllum* und die bräunlich weinrote *Peyssonelia*. *Mesophyllum* bildet dicke Krusten, die an vielen Stellen lamellenförmig in das Freiwasser wachsen, während die *Peysonnelia*-Schichten sich dicht an den Untergrund anschmiegen. Kalk-Rotalgen bevorzugen Wasser mit niedrigen Nitrat- und Phosphatwerten und benötigen vor allem viel Magnesium. Einige Seeigelarten fressen diese Kalkalgenschichten fort während vom Gestein, weshalb man sie aus dem Becken nehmen muss, um eine flächendeckende Schicht zu erreichen. In einem frisch eingerichteten Aquarium kann die Ausbreitung forciert werden, indem man frei stehende Kalkalgenschuppen von dicht bewachsenen Steinen abbricht, um sie zerstoßen über das Dekorationsgestein zu streuen.

Weinrote Kalk-Rotalge
Peyssonelia sp.

Violette Kalk-Rotalge
Mesophyllum sp.
Foto: R. Hebbinghaus

Verzweigt wachsende Kalk-Rotalgen wie *Amphiroa* oder die sehr feinästige *Jania* findet man im Riffaquarium selten. Sie wachsen zwar oft aus Lebendgestein heraus, werden aber fast immer von Doktorfischen und anderen größeren Herbivoren mitsamt den Grünalgen abgeweidet. Bringt man sie in ein Algenrefugium ein, lassen sich hübsche, größere Bestände heranziehen, die dann auch in manches Riffaquarium eingesetzt werden können.

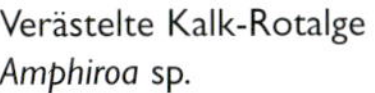

Verästelte Kalk-Rotalge
Amphiroa sp.

Sargassum sp.
im Aquarium

Braunalge *Padina* sp.
im Aquarium

Braunalgen

Braunalgen sind vielzellig, hoch entwickelt und leben fast ausschließlich im Meer. Ihr Jodgehalt liegt bis zu 20.000 Mal höher als der des umgebenden Meerwassers, was bedeutet, dass ein Jodmangel im Aquarium ihre Entwicklung hemmt. Nur bei einer regelmäßigen Jodzufuhr lässt sich ein Braunalgenbestand gut pflegen. Im Handel werden Braunalgen fast nie angeboten. Man erhält sie am einfachsten, indem man sie aus Lebendgestein herauswachsen lässt und dann kultiviert.

Die Gattung *Sargassum* enthält die wohl bekanntesten Braunalgen. Gelegentlich wachsen sie aus dem Lebendgestein heraus, doch wenn die nötigen Nährstoffe und vor allem das verfügbare Jod zur Nei-

Braunalge *Hincksia* im Aquarium und unter dem Mikroskop

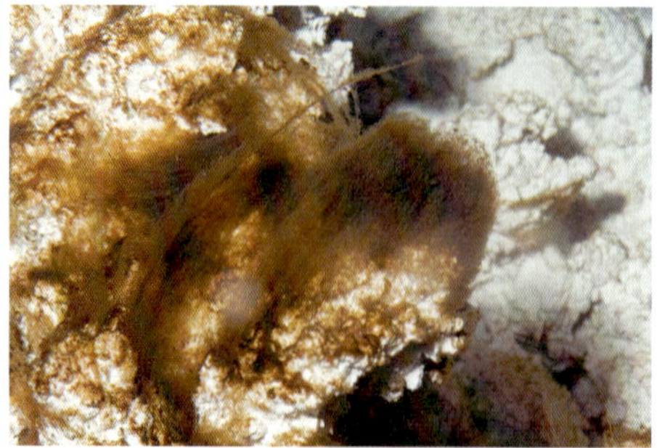

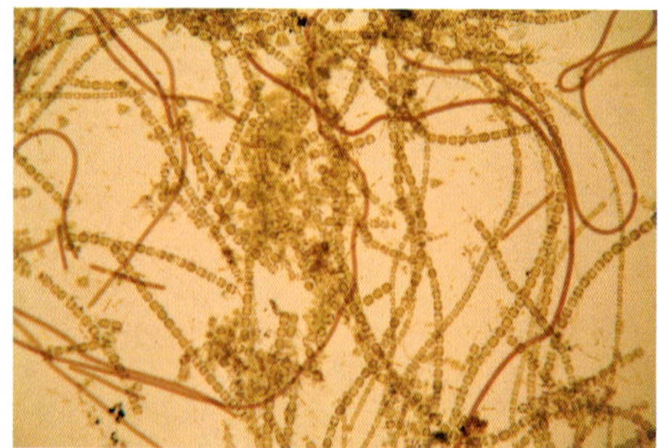

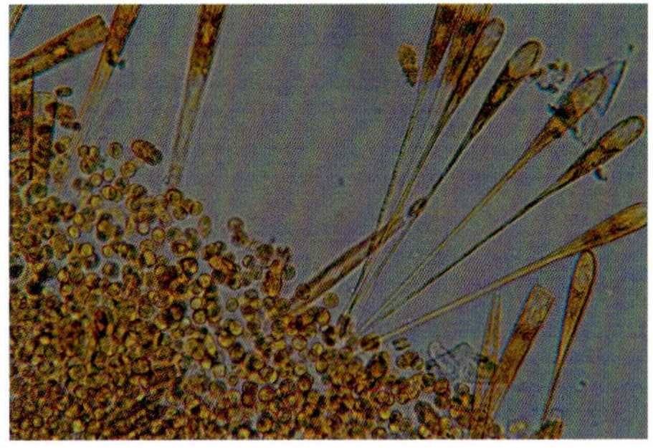

Diatomeenplage im Aquarium, dieselbe Alge unter dem Mikroskop

ge gehen, bilden sie sich bald wieder zurück. Die ungewöhnlich geformten Vertreter der Gattung *Padina* sind die einzigen Braunalgen, die Kalk speichern. Dies führt bei ihnen zu weißlichen Querstreifen, die auf den dünnen Lamellen deutlich zu sehen sind.

Eher an Fadenalgen erinnern die wattebauschähnlich wachsenden Braunalgen der Gattung *Hincksia*. Sie sind vorwiegend in frisch eingerichteten Meeresaquarien anzutreffen und besitzen Ähnlichkeit mit *Derbesia*-Büscheln, sind jedoch erheblich dünner und lassen sich leicht absaugen.

Kieselalgen

Diatomeen, auch als Kieselalgen bezeichnet, sind Algen, die ein Silikatgehäuse besitzen. Dieses Gehäuse besteht aus zwei Teilen, die quasi aufeinander gesteckt sind und an Dose und Deckel erinnern. Bei der vegetativen Vermehrung trennen sich „Dose" und „Deckel" und ersetzen den jeweils fehlenden Gehäuseteil, wobei der neue immer der kleinere, innen liegende ist. Dadurch ist die jeweils nächste „Generation" immer kleiner, und an einem bestimmten Punkt folgt dann eine geschlechtliche Vermehrung, die wieder größere Algen erzeugt.

Braune Beläge sind im Meeresaquarium meist auf Kieselalgen zurückzuführen, beispielsweise *Nitzschia* und ähnliche Gattungen. Im

Kieselalgen unter dem Rasterelektronenmikroskop
Foto: K. Linne von Berg

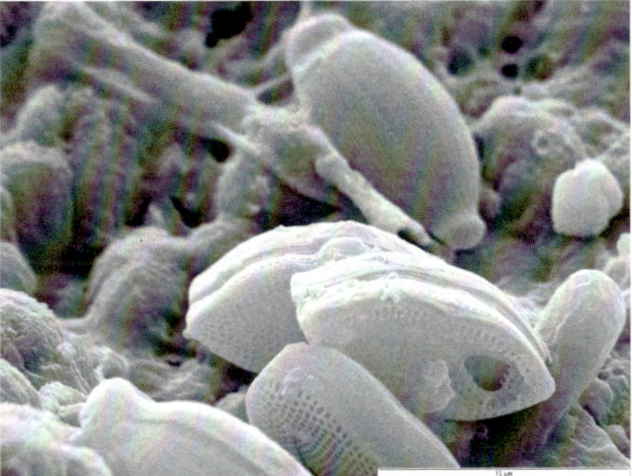

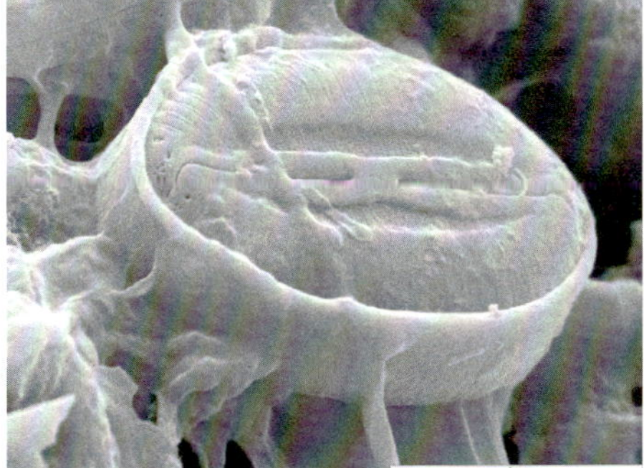

Sternförmige Kieselalge *Triceratium* sp. auf Schirmalge *Acetabularia* sp.

Aquarium ist ihre Vermehrung extrem von der verfügbaren Silikatmenge abhängig, so dass man sie in frisch eingerichteten Aquarien regelmäßig antrifft, bis der Silikatgehalt durch Verbrauch zurückgeht. Auch ein kräftiger Teilwasserwechsel kann ihre vorübergehende Vermehrung für einige Tage zur Folge haben. Treten sie fortwährend auf, wird meist über das Nachfüllwasser viel Silizium zugeführt.

Recht ungewöhnlich geformte Kieselalgen sind die der Gattung *Triceratium*, die winzig kleine, braune Sternchen bilden, gerade noch mit bloßem Auge erkennbar. Sie leben oft als Aufsitzer auf Grünalgen.

Wuchskontrolle: Nach Neueinrichtung und Teilwasserwechsel keine Maßnahme nötig, sonst Reduzieren des Silikateintrages, manuelles Entfernen, Silikatadsorber

Goldalgen

Dinoflagellaten sind mikroskopisch kleine Einzeller. Etwa die Hälfte der bekannten Arten ist fotosynthetisch. Einige von ihnen können im Riffaquarium auftreten und zu einer Plage führen, die nur schwer beherrschbar ist („Goldalgen"). Bräunlich goldfarbene Beläge überziehen alle lichtzugewandten Oberflächen mit einem dünnen Schleier, und im Gegensatz zu Kieselalgen lassen sich diese Schleier mit einer leichten Wasserbewegung fortwehen. Bei abgeschalteter Wasserströmung bilden sich spinnenwebähnliche Fäden im Freiwasser, und die Vermehrung erfolgt so extrem schnell, dass vollständig abgesaugte Bestände inner-

Gambieridiscus toxicus, ein Dinoflagellat, der als Goldalge bezeichnet wird
Foto: J. Sprung

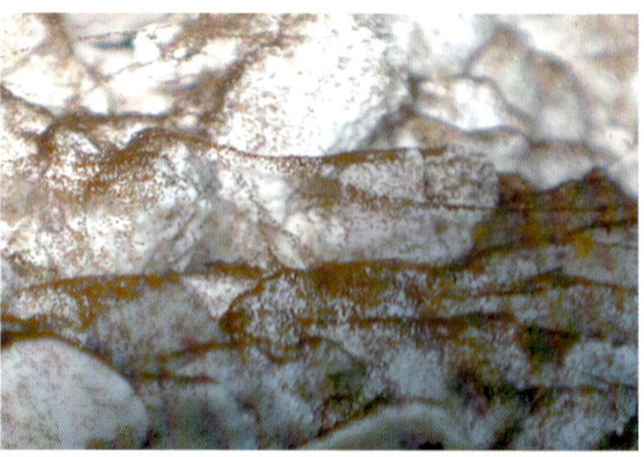

„Rote Schmieralgen“ im Aquarium

halb weniger Stunden ersetzt werden. Bei starker Vergrößerung erkennt man bei einigen Arten eine typische, kreiselnde Bewegung, die mit Hilfe der Flagellen erzeugt wird.

Wuchskontrolle: Dinoflagellaten reagieren auf Eisenmangel erheblich empfindlicher als Grünalgen. Gegenmaßnahme: Teilwasserwechsel und Spurenelementzufuhr vermeiden, Algenrefugium mit Kriechsprossalgen, besser noch *Chaetomorpha*, um über Konkurrenzdruck das Milieu für die Goldalgen zu verschlechtern.

„Rote Schmieralgen“

Cyanobakterien gehören zu den ältesten Lebewesen unseres Planeten. Wie ihr Name schon sagt, zählen sie zu den Bakterien und sind nicht wirklich Algen, auch wenn sie gewöhnlich als „Schmieralgen“ bezeichnet werden. Unglücklicherweise kann man noch immer nicht genau sagen, wodurch die Vermehrung der Cyanobakterien im Aquarium zustande kommt, denn sie haben enorme Fähigkeiten entwickelt, sich an die unterschiedlichsten Bedingungen anzupassen und Engpässe mit Tricks zu überwinden. Im Meeresaquarium handelt es sich meist um Arten der Gattung *Oscillatoria*, die durch einen hohen Anteil an Phycoerythrin rot gefärbt sind. Mit diesem Pigment können sie grünes Restlicht für die Fotosynthese nutzen, das noch in tiefe Dämmerzonen vordringt, in denen sich Grünalgen nicht mehr halten. So haben sie lichtschwache Bereiche für sich erobert. Bei einem Mangel an Stickstoff (Ammonium, Nitrit, Nitrat), den sie als Nährstoff brauchen, können sie – im Gegensatz zu allen echten Algen – elementaren Stickstoff (N_2) in Ammonium (NH_4^+) umwandeln und für den eigenen Stoffwechsel verwerten. Das bedeutet im Klartext, wenn wir durch kräftige Teilwasserwechsel (oder auf anderem Weg) den Nitratgehalt des Aquarienwassers verringern, dann erleiden alle Algen einen Stickstoffmangel. „Rote Schmieralgen" greifen dann zunächst auf ihren Stickstoffspeicher zurück, in dem sie diesen Nährstoff in Form der beiden Aminosäuren Arginin und Asparagin bevorratet haben (I. Reize, pers. Mittlg.), und wenn dieser aufgebraucht ist, beginnen sie einfach, atmosphärischen Stickstoff zu fixieren und zu verwerten, der im Wasser gelöst ist. Damit haben sie einen enormen Vorteil gegenüber allen Algen und können das Milieu im Aquarium beherrschen, vorausgesetzt, sie haben ausreichend Phosphat. Doch selbst einen vorübergehenden Phosphatmangel können sie durch enorm hohe Phosphatdepots in ihrem Innern überstehen (I. Reize, pers. Mittlg.), so dass auch lange nach dem deutlichen Absenken des Phosphatwertes im Aquarienwasser die Plage zunächst fortbesteht. (Aus diesem Grunde ist es auch sehr wichtig, bei der Bekämpfung die „Algen" abzusaugen, weil nur dadurch ihre Phosphatdepots aus dem Aquarium entfernt werden.) Aber auch Schwermetallvergiftungen (Zink, Nickel), die Algen schädigen, können ihre starke Vermehrung zur Folge haben, ebenso wie stark gelb- oder rotlastige, gealterte Leuchtmittel. Besser ist eine Beleuchtung mit höheren Kelvin-Graden, aber nicht einfach, indem man Blaulicht hinzuaddiert, sondern indem man eventuell vorhandene gelbe oder rote Spektralanteile eliminiert und Leuchtmittel einsetzt, die nur tatsächlich gewünschte Strahlungsanteile produzieren. Gelbe und rote Spektralanteile können den Cyanobakterien das Leben erleichtern, während Blaustrahlung von ihnen schlechter genutzt wird als von Grünalgen.

„Klarwasseralgen" und „Schmutzwasseralgen"

Insgesamt sind sie aber an hohe Phosphatkonzentrationen gebunden, und hier scheint auch der wesentliche Ansatzpunkt für ihre Bekämpfung zu liegen. Man teilt die „Roten Schmieralgen" in der Korallenriffaquaristik allgemein in „Klarwasseralgen" und „Schmutzwasseralgen" ein, womit man das Auftreten von Cyanobakterien in frisch eingerichteten Riffaquarien mit unbelastetem Wasser und in gereiften, alten Riffbecken erklären möchte. Tatsächlich könnte es aber sein, dass die „Algen" in beiden Fällen durch denselben Faktor begünstigt werden: die Entkoppelung von Nitrat- und Phosphatwert im Aquarienwasser.

Cyanobakterien überwuchern und schädigen auch Steinkorallen.

Entkopplung von Phosphat- und Nitratwert

Normalerweise entwickeln sich Nitrat- und Phosphatanreicherungen proportional zueinander. Im frisch eingerichteten Riffaquarium kann es aber sein, dass der bakterielle Nitratabbau sehr schnell zustande kommt (z. B. im Innern von Lebendgestein oder in größerer Tiefe des Bodengrundes). Hier öffnet sich dann zwischen Phosphat- und Nitratwert eine „Schere", denn sie entwickeln sich nicht proportional zueinander. Grünalgen sind dann kaum zum Wachsen zu bringen, weil ihnen der Stickstoff fehlt, Cyanobakterien dagegen breiten sich unter solchen Bedingungen gern aus.

In einem alten Riffbecken hingegen können umfassende Teilwasserwechsel Nitrat- und Phosphatkonzentration des Aquarienwassers stark absenken, woraufhin Phosphatdepots an kalkhaltigen Oberflächen wieder in Lösung gehen, so dass die Konzentration innerhalb weniger Tage auf den alten Wert ansteigen kann.

In beiden Fällen ist das Ergebnis ein hoher Phosphatwert, der von einem niedrigen Nitratwert begleitet wird. Auch Mischformen sind

Das Mittelmeeraquarium
Einrichtung und Pflege von Mittelmeeraquarien
Kai Velling
152 S., 162 Farbfotos, 10 Grafiken
Format 17,5 x 23,2cm, Hardcover
ISBN 978-3-86659-039-7
Preis: 24,80 €

Steinkorallen im Aquarium
Daniel Knop
Band 1: Natürlicher Lebensraum, Artbestimmung, Aquariengeeignete Gattungen
144 Seiten, 178 Farbabbildungen
Format 17,5 x 23,2 cm, Hardcover
ISBN 978-3-931587-70-3
Preis: 24,80 €

Steinkorallen im Aquarium
Daniel Knop
Band 2: Aquarienhaltung, Vermehrung, Haltungsprobleme und Lösungen
136 Seiten, 137 Farbabbildungen
Format 17,5 x 23,2 cm, Hardcover
ISBN 978-3-931587-71-0
Preis: 24,80 €

Nano-Riffaquarien
Einrichtung und Pflege von Kleinst-Meeresaquarien
Daniel Knop
144 Seiten, 207 Farbabbildungen
Format: 17,5 x 23,2 cm, Hardcover
ISBN 978-386659-028-1
Preis: 24,80 €

www.ms-verlag.de

Das Meerwasseraquaristik-Fachmagazin

KORALLE bietet jedem Meerwasseraquarianer eine Fülle interessanter, fundierter und modern gestalteter Beiträge. Alle Ausgaben sind durchweg farbig gestaltet und von hoher Qualität.

Es werden die unterschiedlichsten Aspekte behandelt: Aquarienpraxis, Haltung und Vermehrung einzelner Arten, biologische Hintergrundberichte, Aquarientechnik und -chemie, Neues aus der Wissenschaft, Buchmarkt, Reportagen und Reiseberichte, Interviews und vieles mehr; alles leicht verständlich, allgemein interessierend und unterhaltsam.

Besonders markant ist das ausführlich behandelte Titelthema der **KORALLE**. Eingeleitet durch eine umfangreiche und brillant bebilderte Fotoreportage, wird das Thema auf den Folgeseiten durch mehrere Begleitartikel vertieft.

Preise

Einzelheft

KORALLE . . . . .6,50 €

Abonnements

6 x KORALLE . . . . .36,90 € (Ausland 46,80 €)

Natur und Tier - Verlag GmbH
An der Kleimannbrücke 39/41 · 48157 Münster
Telefon: 0251-13339-0 · Fax: 0251-13339-33
E-Mail: verlag@ms-verlag.de

www.ms-verlag.de